普通高等教育"十四五"规划教材

冶金工业出版社

电化学原理

钟晓聪　编

U0314879

北　京

冶金工业出版社

2024

内 容 提 要

本书共6章，主要介绍电化学热力学和动力学的基础理论。第1章为绪论，主要介绍电化学学科研究对象、发展历程和电解质溶液基础理论；第2~3章为电化学热力学内容，主要介绍电化学热力学基本概念、原理和热力学计算方法；第4~6章为电化学动力内容，主要介绍极化的概念、产生原因及电极过程主要步骤，同时介绍液相传质步骤或电子转移步骤为速度控制步骤时电极过程的动力学规律。

本书可作为高等学校化学、材料、新能源材料与器件、储能科学与工程等专业本科生和研究生教材，也可供从事电化学研究的科研人员和从事化学电源、工业电解、金属表面处理、电化学分析、腐蚀与防护等领域的技术人员参考。

图书在版编目（CIP）数据

电化学原理／钟晓聪编 . —北京：冶金工业出版社，2024.5
普通高等教育"十四五"规划教材
ISBN 978-7-5024-9872-6

Ⅰ.①电… Ⅱ.①钟… Ⅲ.①电化学—高等学校—教材 Ⅳ.①O646

中国国家版本馆 CIP 数据核字（2024）第 095799 号

电化学原理

出版发行	冶金工业出版社	**电 话**	(010)64027926
地 址	北京市东城区嵩祝院北巷 39 号	**邮 编**	100009
网 址	www.mip1953.com	**电子信箱**	service@ mip1953.com

责任编辑 王 双 美术编辑 吕欣童 版式设计 郑小利
责任校对 李欣雨 责任印制 禹 蕊
北京建宏印刷有限公司印刷
2024 年 5 月第 1 版，2024 年 5 月第 1 次印刷
710mm×1000mm 1/16；10.5 印张；205 千字；159 页
定价 39.00 元

投稿电话 （010）64027932 投稿信箱 tougao@cnmip. com. cn
营销中心电话 （010）64044283
冶金工业出版社天猫旗舰店 yjgycbs. tmall. com
（本书如有印装质量问题，本社营销中心负责退换）

前　言

在全球化石能源不断减少、环境污染日趋严重的时代背景下，能源和环境科学蓬勃发展，特别是在化石能源清洁利用、可再生能源开发、电动交通、节能减排等关乎人类社会可持续发展的重大领域取得巨大突破。为适应国家重大战略和行业需求，很多高校先后增设了新能源材料与器件、新能源科学与工程、储能科学与工程、半导体工程等专业。电化学装置（化学电源、电化学能源转换装置）以其效率高、无污染等优势，在能源和环境领域发挥着越来越重要的作用。因此，电化学相关的课程，尤其是电化学原理，逐步成为化学、材料、环境、能源等专业本科生和研究生的重要基础课程。

本书是结合编者十余年"电化学原理"课程学习和授课经验编写的，旨在为高等学校本科生和研究生提供一本通俗易懂的电化学入门教材。相较于已有的电化学原理教材，本书的主要区别主要有 2 个方面：（1）在内容上主要介绍电化学热力学、动力学基础理论，涉及电化学应用的知识（如气体电极过程、金属沉积与钝化等）没有写入本书。此外，为了便于初学者理解，本书避免了一些复杂公式推导，同时精简了关于复杂电极过程的内容。（2）针对一些晦涩难懂的概念和原理，设计了大量图片和实际案例，帮助初学者理解一些抽象、复杂、动态的概念和理论。

本书由江西理工大学钟晓聪编写，本书的出版得到了江西理工大学教材出版基金、江西理工大学一流学科经费的支持，在本书的编写过程中，引用了较多参考书籍和文献。在此，编者一并表示衷心的感谢。

　　由于编者水平有限，书中不足之处，欢迎读者批评指正。

编　者

2023 年 9 月

目　　录

1 绪 论

1.1 电化学研究对象

电化学的起源可以追溯到两位意大利科学家，路易吉·伽伐尼（Luigi Galvani，1737—1798）和亚力山德罗·伏打（Alessandro Volta，1745—1827）。路易吉·伽伐尼于 1780 年发现"生物电"现象，亚力山德罗·伏打于 1799 年发明世界上首个可连续供电的化学电源"伏打电堆"（Voltaic Pile）。作为一门涉及氧化还原化学反应且具有广泛应用的学科，200 多年来，电化学学科为推动人类社会发展和世界文明进步作出了重要贡献。电化学最初被描述为"化学的一部分，是研究物质的化学性质或化学反应与电的关系的科学"，后又被定义为"电化学就是研究带电界面上所发生现象的科学"。经典电化学的主要理论支柱是电化学热力学、界面双电层结构和电极过程动力学。电化学热力学主要研究平衡电化学体系（或电极体系）的热力学函数，讨论电化学反应进行的可能性及反应限度。电极过程动力学主要研究非平衡电极体系电极电位与电流密度（电极过程速度）的函数关系，关注电极过程速度控制步骤的判断及其动力学规律。双电层则为两者变化的桥梁，主要探讨电极/溶液界面带电粒子的分布及其与电极电位的联系。现代电化学又将统计力学和量子力学引入电化学的理论体系，开辟了在微观尺度上研究电化学的新领域。

电化学早期研究对象主要是电池、电解、电镀过程，所以最初人们把电化学看作是研究电能与化学能相互转换的科学。随着研究的不断深入，逐渐出现了电渗析、电泳涂装、电镀、电化学腐蚀、电化学合成、二次电池、电容器等新的研究对象，电化学的定义拓展为研究电子导体与离子导体形成的带电界面性质及其上所发生变化的科学。近年来，电化学理论快速发展并与其他学科交叉融合，出现了量子电化学、光电化学、固态电化学、纳米电化学、能源电化学、绿色合成电化学等许多新的研究领域，研究方法和理论模型开始深入到分子水平，建立和发展了在分子水平上检测电化学界面的电化学原位谱学技术。可以说，电化学已经发展成为控制离子导体、电子导体、半导体、量子半导体、介电体的本体及界面间荷电粒子状态与传输的科学。电化学的实验技术也成为表界面、能源、环境以及生物医学等领域的重要研究方法。

图 1.1 所示为典型的三种电流回路。电子回路是大家熟悉的最简单的导电回路。忽略电源内部的导电机理，在外线路中，电子从负极流出，经过负载灯泡，流入正极。电流回路的载流子是自由电子。凡是依靠物体内部自由电子的定向运动而导电的物体，即载流子为自由电子（或空穴）的导体，叫作电子导体，也被称为第一类导体。如金属、合金、石墨及某些固态金属化合物，均属于电子导体。

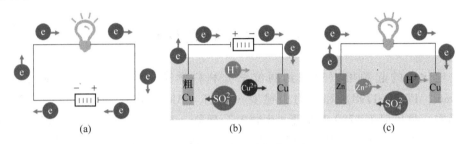

图 1.1 三种典型的电流回路
（a）电子回路；（b）电解池；（c）原电池

在电解池中，电能转变为化学能。电源提供能量，从阳极不断抽取电子，并将电子源源不断注入阴极。在外电路中，是通过电子在导线中定向移动实现导电的。但在电解池中电流是如何导通的，仍然依靠自由电子的移动吗？实验表明，溶液中不可能有独立存在的自由电子，因而来自金属导体（电极、外线路）的自由电子是不能从电解质溶液中直接流过的。在电解质溶液中，是依靠阴、阳离子的定向运动传递电荷的，即载流子是阴、阳离子。凡是依靠物体内的离子运动而导电的导体叫作离子导体，也称为第二类导体，如各种电解质溶液、熔融态电解质和固体电解质。由此可见，在电解池中，电流回路是靠第一类导体和第二类导体串联实现导通的（忽略化学电源内部工作机理）。

在原电池中，化学能转变为电能。负极自发地进行氧化反应，例如，Zn 失去 2 个电子，并以 Zn^{2+} 形式进入溶液。在外电路中，Zn 失去的 2 个电子进入导线，流经灯泡，最后流入正极。与电解池一样，在外围电路是依靠电子的定向运动实现导电的，而在电解质溶液中，主要依靠 H^+、SO_4^{2-}、Zn^{2+} 等阴、阳离子移动实现导电。因此，原电池回路也是由第一类导体和第二类导体串联形成的。

在电解池回路和原电池回路中，存在着两类导体。外围电路的载流子是电子，电解质溶液的载流子是阴、阳离子。电子无法在电解质溶液移动，阴、阳离子同样无法进入外围电路，那么两种导电方式是怎样相互转换的，怎么实现电流回路的闭环呢？

以图 1.1（b）所示的电解池为例，在粗铜电解精炼过程中，电源不断地从阳极抽取电子，这些电子由氧化反应提供（$Cu \rightarrow Cu^{2+}+2e$）。电源把从阳极抽取的电子送往阴极，在阴极表面，电解质溶液中的 Cu^{2+} 得到电子，以 Cu 单质沉积在阴极（$Cu^{2+}+2e\rightarrow Cu$）。在电解质溶液中，Cu^{2+}、H^+ 在电场作用下，向阴极移动；SO_4^{2-} 向阳极移动。其中，向阴极移动的 Cu^{2+} 在阴极得到电子并沉积在阴极。

在图 1.1（c）所示的原电池中，Zn 负极自发地失去 2 个电子（$Zn\rightarrow Zn^{2+}+2e$），电子进入外围电路，通过灯泡，流入正极；在正极，电解质溶液中的 H^+ 得到电子，析出氢气（$H^++2e\rightarrow H_2$）。在电解质溶液中，在电场作用下，SO_4^{2-} 向负极移动；Zn^{2+} 及溶液中的 H^+ 在电场作用下向正极移动。其中，向正极移动的 H^+ 得到电子，析出氢气。

仔细观察上面提到的电极反应，可以发现，在阳极（或原电池负极）发生氧化反应，溶液中的离子或电极材料本身失去电子，如 $Cu\rightarrow Cu^{2+}+2e$，即导电方式由电子导电（Cu）转变为离子导电（Cu^{2+}）。在阴极（或原电池正极）发生还原反应，溶液中的离子接受外围电路的电子，如 $Cu^{2+}+2e\rightarrow Cu$，即导电方式由离子导电（Cu^{2+}）转变为电子导电（Cu）。因此，两类导体导电方式的切换是通过电极上的氧化还原反应实现的。

在电子导电回路中，回路的各部分（除电源外）都是由第一类导体组成，因此只有一种载流子——自由电子。自由电子可以从一个相跨越相界面进入另一相，从而进行定向运动，在相界面上不发生任何化学变化。在电解池和原电池回路中，由两类不同导体串联。第一类导体的载流子是自由电子，第二类导体的载流子是离子。导电方式的切换是依靠在两类导体界面上两种不同载流子之间的电荷转移来实现的。也可以理解为，在两类导体界面，通过电化学反应，电子在两相中转移，实现了电子导电线路与离子导电线路的联结贯通。

电子回路是电工和电子学研究的对象。而电解池和原电池具有共同的特征，即都是由两类不同导体组成的，是一种在电子转移时不可避免地伴随有物质变化的体系。这种体系叫作电化学体系，是电化学科学研究的对象。两类导体界面上发生的氧化反应或还原反应称为电极反应。也常常把电化学体系中发生的，伴随有电子转移的化学反应统称为电化学反应。所以，可以将电化学科学定义为研究电子导电相（金属和半导体）和离子导电相（溶液、熔盐和固体电解质）之间的界面上所发生的各种界面效应，即伴有电现象发生的化学反应的科学。

1.2 电化学在工业中的应用

电化学是化学学科的重要组成部分。随着对电化学的重新认识和不断发展，电化学在多个学科之间占有重要地位，并作为不同领域专家通力协作研究开创的多领域跨学科科学而展现出独特风格。传统上把电化学归属于物理化学的一个分支。当前，电化学不仅与无机化学、有机化学、分析化学和化学工程等学科密切相关，还渗透到环境科学、能源科学、生物科学和现代工业等领域。电化学逐渐发展成为横跨基础科学（理学）和应用科学（工程、技术）两大领域的重要学科。

1.2.1　经典应用领域

随着科技的进步，电化学的应用领域不断拓展，已广泛应用于化工、冶金、机械、电子、航空、航天、轻工、仪表、医学、材料、能源、环保等各工程技术领域。主要的经典应用领域包括化学电源、表面处理及精饰、电化学合成、电解加工、金属腐蚀与防护、电分析化学等。

（1）化学电源。化学电源含原电池、蓄电池及燃料电池，如锌锰电池、铅蓄电池、镉镍电池、氢镍电池、金属锂及锂离子电池、空气电池、质子交换膜燃料电池、固体氧化物燃料电池、熔融碳酸盐燃料电池、直接醇燃料电池等。化学电源是电化学研究的核心内容之一，主要涉及电化学的能量储存和转换，不仅是一种大规模能源的提供装置，同时也是易于携带的能源系统，因此在电气、信息、运输、通信、电力、航空航天、军事等与日常生活密切相关领域和国防领域中得到广泛的应用，尤其在移动信息系统、绿色能源交通工具及可再生能源利用方面起到关键作用。

（2）表面处理与精饰。表面处理及精饰包括各种电镀、化学镀、阳极氧化、电泳涂装、电铸等。表面处理能为基体提供各种防护性、装饰性或功能性涂镀层，应用极其广泛。电镀可分为装饰/功能性电镀（表面防护、修饰、功能材料等）及电子电镀，主要用于各种功能性镀层（导电性镀层、钎焊性镀层、信息载体镀层、电磁屏蔽镀层等）、芯片制造、封装和集成。在当前国际竞争日趋激烈的电子信息产业微型化过程中，电子电镀是芯片制作、微机电系统等发展中的关键技术之一。

（3）电化学合成。电化学合成包括金属的电解提取与精炼（如电解精炼提纯锌、铜、银、金；电解熔融电解质制取铝、镁、钙、锂等轻金属）、电合成无机化合物和有机化合物（如氯碱工业、己二腈电合成，以及高锰酸钾、三碘甲烷、四乙基铅的电合成等），为绿色化学工业开辟了一个具有重要价值的领域。

（4）电解加工。电化学加工是在高电流密度和流动的电解液中，以被加工的金属工件作为阳极，利用阳极溶解原理进行金属加工的方法。与普通机械加工相比，此类电解切割、电解研磨等方法特别适合形状复杂的零件和硬质合金材料的加工。

（5）金属腐蚀与防护。金属腐蚀学中的大气腐蚀、海洋腐蚀、土壤腐蚀等都需要用电化学解释机理，由此催生了以金属腐蚀电极为研究对象的腐蚀电化学。金属腐蚀的方法与电化学密切相关，如采用缓蚀剂、防腐涂层、电化学阴极保护与阳极钝化等方法进行金属的电化学保护以及腐蚀监控传感技术等。

（6）电分析化学。电化学在分析化学中的应用历史悠久，从早期广泛应用的电导滴定、电位滴定、极谱法、pH计等发展到近些年的伏安法、离子选择电极、传感器等，大大丰富了仪器分析的内容和手段。

1.2.2 新型研究和应用

随着世界各国对能源危机、环境保护与防治、生命起源与规律探究等新型研究领域的日益关注，全球经济、贸易、科技实力的竞争日趋激烈，电化学科学与能源科学、材料科学、环境科学、生命科学等紧密联系，不断涌现出一些与电化学交叉的新学科，发展出新的研究和应用领域，如新能源体系的开发和利用、新型功能材料的电化学制备、环境污染的监测、处理与防治、生命科学和医学密切相关的生物电化学、谱学电化学等。

（1）新能源体系的开发和利用。利用半导体电极组成的光电化学电池将太阳能转变为电能或构成光解水制氢的光解池，成为太阳能利用的途径之一；可实现连续工作的燃料电池在建立小型发电站和迅速兴起的电动汽车中的应用；电化学储能技术在峰谷电价套利、新能源并网及电力系统辅助服务领域的不断推广。

（2）新型功能材料的电化学制备。金属电沉积制备各种表层功能材料（导电镀层、耐磨镀层、高温抗氧化镀层等）和金属基复合材料（如碳纤维增强的铝基或镍基复合材料）；电化学制备具有独特化学、光学、电磁学、力学性能的纳米新材料和应用于航天工业的梯度功能材料等。

（3）环境污染的监测、处理与防治。采用离子选择电极或气体电极制成的传感器用于痕量污染监测；应用于工业生产或废水处理中的电渗析法、电凝聚法、电氧化、电还原等分离技术。

（4）生命科学和医学密切相关的生物电化学。电化学传感器在生物学与医学的科研及诊断方面的应用；电化学技术和原理在探究生物机体生长和恢复的细胞过程机理中的应用。

（5）谱学电化学。将光谱技术引入电化学领域，在电化学传统优势的基础上结合了光谱实验技术的灵敏度高、检测速度快、体系扰动小、实时检测等优点。例如，利用红外光谱和拉曼光谱电化学技术，研究电极表面分子的吸附状态随电极电势的变化情况，在分子水平系统研究电化学反应过程；电化学表面等离子体共振谱可以提供精确的表面厚度和介电常数信息；电化学椭圆偏振光谱能够现场观察不同电化学条件下电极表面膜层的形成和发展过程；电化学原位透射电子显微镜实时动态观察电极微观结构及其变化。

1.3 电化学科学的发展历史、现状与趋势

1.3.1 电化学科学发展历史

像任何一门科学一样，电化学科学是在生产力不断发展的基础上发展起来

的。第一个化学电源是 1799 年由物理学家伏打（Volta）发明的。他把锌片和铜片叠起来，中间用浸有 H_2SO_4 的毛呢隔开，构成了电堆。第二年（1800 年）尼克松（Nichoson）和卡利苏（Carlisle）利用伏打电堆电解水溶液时，发现两个电极上有气体析出，这就是电解水的第一次尝试。此后，科学家曾利用化学电源进行了大量的电解工作。到了 19 世纪下半叶，由于生产力有了很大发展，特别是 1870 年发电机的发明，有了廉价的电能，为建立大规模的电化学生产创造了有利条件，促进了电化学的发展。

同时，在伏打电堆出现后，对电流通过导体时的现象进行了两方面的研究：从物理学方面的研究得出了欧姆定律（Ohm，1826 年）；从化学方面的研究（电流与化学反应的关系）得到了法拉第定律（Faraday，1833 年）。随着大量的生产实践和科学实验知识的积累，有关学科的成就又推动了电化学理论的发展，电化学就逐渐成为一门独立的学科建立和发展起来了。

19 世纪 70 年代，亥姆荷茨（Helmholtz）首先提出了双电层概念。1887 年阿累尼乌斯（Arrhenius）提出了电离学说。1889 年能斯特（Nernst）提出电极电位公式，对电化学热力学作出重大贡献。1905 年塔菲尔（Tafel）提出描述电流密度和氢过电位之间的半对数经验公式——塔菲尔公式。

在 20 世纪上半叶，大部分电化学家把主要精力用于研究电解质溶液理论和原电池热力学，出现企图用化学热力学的方法处理一切电化学问题的倾向，认为电流通过电极时，电极反应本身总是可逆的，在任何情况下都能应用能斯特公式。这种倾向显然是错误的。电化学的发展在这一期间比较缓慢。到了 20 世纪 40 年代，苏联的弗鲁姆金学派从化学动力学角度做了大量研究工作，特别是抓住电极和溶液净化对电极反应动力学数据重现性的重大影响这一关键问题，从实验技术上打开了新的局面，他们还在分析和总结大量实验数据的基础上证实了迟缓放电理论，并着重研究了双电层结构和各类吸附现象对电极反应速度的影响。稍后，鲍克里斯（Bockris）、帕森斯（Parsons）、康韦（Conway）等人也在同一领域做了奠基性工作。同一时期，格来亨（Grahame）开创了用滴汞电极研究电极/溶液界面的系统工作。这些都大大推动了电化学理论的发展，开始形成以研究电极反应速度及其影响因素为主要对象的电极过程动力学，并使之成为现代电化学的主体。

20 世纪 50 年代以后，特别是 60 年代以来，电化学科学有了迅速的发展。在非稳态传质过程动力学、表面转化步骤及复杂电极过程动力学等理论方面和界面交流阻抗法（电化学阻抗谱）、暂态测试方法、线性电位扫描法、旋转圆盘电极系统等实验技术方面都有了突破性的进展（见图 1.2），使电化学科学日趋成熟。

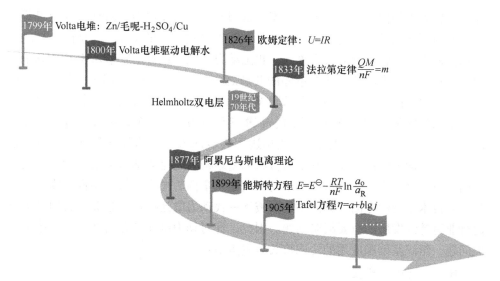

图 1.2 电化学学科发展历史中的里程碑事件

1.3.2 电化学相关产业的发展现状和瓶颈技术分析

1.3.2.1 二次电池

以锂离子电池为代表的二次电池产业的发展为未来智能汽车、智能电网等关键产业和基础设施智能化的发展打下坚实基础，有力地推动了整个产业经济结构的不断升级。

A 动力电池产业

发展电动汽车是国际社会重点支持的战略方向，对保障能源安全、节能减排、促进汽车工业的可持续发展具有重要意义。在系列政策支持下，我国于2015年超越美国成为全球最大的电动汽车产销国。2018 年底，全国新能源汽车保有量达 261 万辆，纯电动汽车保有量 211 万辆，占新能源汽车总量的 81.06%。2018 年全国电动汽车销售总量为 105 万辆，较 2017 年增长 70%，是全年销量全球最高的国家。新能源汽车的销量逐年增长，国内对动力锂电池的需求量也在不断增加，2016 年超过 30 GW·h，2017 年接近 40 GW·h，2018 年底达到56.37 GW·h。在国家政策的驱动和新能源汽车产业的拉动下，作为核心部件的动力锂电池也迎来产业发展的大好良机，但同时也面临着巨大挑战。

目前，我国动力锂电池市场的集中度非常高，2018 年我国前十名动力锂电池企业的装机量达到整体的 83.16%；高端产品之间的竞争主要集中在国内仅有的几家企业与国外企业之间，属于垄断竞争格局。随着我国政策对动力锂电池产品提出更高的要求，其市场份额将进一步向龙头企业集中。我国动力电池产业目前占据较大市场份额，但不排除政策扶植因素，产品在均匀一致性、安全可靠性等方面与国际先进水平仍存在一定差距。随着财政补贴的取消、"双积分"的推行和国外动力电池厂商的大举进入，我国动力电池产业将面临前所未有的竞争压力。此外，动力电池技术处在不停的变革之中。当前基于三元正极/石墨负极的锂离子电池比能量已经达到 220~250 W·h/kg，宁德时代新能源科技有限公司率先开发出比能量达 304 W·h/kg 的高镍三元正极/硅碳负极锂离子电池，并于 2020 年量产。随着新能源汽车产业化进程逐步深入，全球各国及重点企业均加大力度发展动力电池产业，基于新材料和新结构的高比能动力电池技术已经成为各国竞争焦点，大力提升目前车用动力电池安全性、寿命、低温特性，降低成本是产业技术发展的方向。如何率先突破下一代动力电池技术，是关乎我国动力电池行业可持续发展的重要战略问题。因此，针对动力电池产业与技术发展中的相关问题，组织基础和应用的协同攻关至关重要。

B　储能技术产业

传统化石能源的日益匮乏与环境的日趋恶化，促使可再生能源迅速发展。预计到 2030 年，在整个能源结构当中，可再生能源将会占主导地位。我国在"十三五"规划中提出的能源革命和能源结构调整战略方针是：到 2020 年，我国风能发电装机容量达到 2.5 亿千瓦，光伏发电达 11.5 亿千瓦，光热发电达 500 万千瓦。根据《中国电力行业年度发展报告 2019》发布的数据，截至 2018 年底，全国全口径发电装机容量 19.0 亿千瓦，同比增长 6.5%。其中，水电、核电、并网风电、并网太阳能等非化石能源发电装机容量 7.7 亿千瓦，占总装机容量的比重为40.8%，比上年提高 2.0 个百分点。可再生能源正逐渐由辅助能源变为主导能源。但风能、太阳能等新能源具有不稳定、不连续的特性，在时间和空间上的分布不均，且它的开发和利用受到昼夜、季节、地理位置等诸多因素的限制。根据国家能源局发布的统计数据，至 2018 年底，全国累计风电装机容量达 1.84 亿千瓦。累计光伏发电装机容量达 1.74 亿千瓦，居全球首位。但是，由于储能设施还跟不上发展，我国弃风、弃光率近年来虽有所下降，但仍处在较高数值。2018年我国总的弃风电量为 277 亿千瓦时，平均弃风率为 7%，但西部地区尤其是新疆维吾尔自治区（弃风率 23%）、甘肃（弃风率 19%）、内蒙古自治区（弃风率10%）的弃风率远高于平均值，三省（自治区）弃风电量合计 233 亿千瓦时，占全国弃风电量的 84%。2018 年，我国总的弃光电量为 54.9 亿千瓦时，平均弃光率为 3%，而新疆维吾尔自治区的弃光率仍高达 16%。若要从根本上解决这一问题，需要配置储能设备，平衡发电和用电，确保电网稳定，实现安全、稳定供电。因此，大规模储能技术是实现可再生能源开发和普及应用的核心技术。

储能技术应用场景包括可再生能源并网、电网电力辅助、基站备用电源、分布式及微网、家庭储能系统、电动汽车充换站等。电化学储能是应用范围最广的储能技术，最受关注的有铅蓄电池、高温钠硫电池、全钒液流电池和锂离子电池等技术。其中锂离子电池的累计装机占比最大，比重达到58%。可以预期，储能电池的需求将快速、持续增长。对储能电池的主要技术要求包括安全性高、寿命长、成本低、响应快、环境影响小、维护和回收便捷。目前还没有一种电池体系能够满足综合要求。水系储能电池安全性高，维护方便，但整体能量密度偏低；非水体系储能电池具有能量密度和功率密度优势，但受到安全性和成本限制。不同电池体系中，电极反应机制与关键科学问题不同。例如，液流电池基于反应离子的选择性传输与氧化还原机制，关键问题是离子在集流体上的电荷交换和在隔膜中的选择性传输；锂离子电池、钠离子电池和其他多价离子电池基于离子脱嵌反应，关键问题是电极/电解质界面电荷传递和稳定性、电极材料微观结构与循环寿命和容量的构效关系；钠硫、锌电池、铅酸等金属基电池是基于金属/金属离子的可逆溶解/沉积反应，关键问题是金属/金属离子的沉积析出反应所涉及的相变、形变和循环稳定性，以及析氢、析氧等副反应的作用机制。由于大容量、高功率等特点，储能电池所面临的挑战还包括电池成组、集成、管理技术，如何合理设计电池管理系统（battery management system，BMS）和储能变流器（power conversion system，PCS）等，实现电能高效安全的储存与释放，以及长生命周期的稳定服役，也是储能电池的关键技术。

C 特种电化学电源

特种电化学电源包括军用电源、空间电源、深海电源等特殊条件和环境中使用的电源，电源种类有锂电池、储备电池、特种燃料电池和超级电容器等。由于海陆空的不同应用环境和不同装备的需求，特种电化学电源的技术要求与民用电源既有相同的比能量、功率、寿命等要求，也有耐高低温、长期储存、绝对安全、超高比能量和比功率特性等需求。

军用电源为武器装备提供动力和信息化能源，是武器装备的"粮食"和"血液"。在智能单兵及机器人应用方面，要求比能量高、可结构化、模块化、可智能重组的电化学电源技术。在新型战略威慑领域，需要超大功率输出、超长储备、安全可靠的电化学电源。长期处于备战状态的军用化学电源，储存期间和任务执行期间对产品有不同于常规化学电源的需求。在严苛环境条件和储存条件下，新材料体系研发、长期储备过程中表界面变化及其对快激活过程影响、一次性产品性能评估和无损检测方面面临许多新的挑战。特别需要关注化学电源的微小型化设计、新材料体系研发、长期储备过程中表界面变化及其对快激活过程的影响、一次性产品性能评估和无损检测等方面。

空间电源是为各类航天器配备的电源，化学储能电源是空间电源的重要组成部分，高安全性、高可靠性是空间化学电源的绝对要求。除此之外，飞行器的飞行目的不同，对空间电源也有不同的要求，如能量密度大于 500 W·h/kg、功率密度大于 100C、循环寿命达到 60000 次、工作范围在 −50 ~ 80 ℃等。在空间领域，新一代卫星对电化学电源的需求是高比能量、长寿命，需要解决电池比能量超过 250 W·h/kg 的长寿命储能蓄电池体系，研究微重力下长期储存和循环后的蓄电池衰减机制及寿命预测模型。在临近空间领域，飞行器对电化学电源的需求是超高比能量和较好的耐久性，比能量要求甚至超过 500 W·h/kg，需要解决发电储能装置的模块化设置、结构化设计问题，突破高低温适应关键技术。目前，空间化学电源使用的锂离子电池很难同时满足安全性、循环寿命、比功率密度等综合要求，因此如何全面提高电池性能是迫切需要解决的问题。另外，空间化学电源的安全性评估方法和使用寿命预测等问题也有待研究解决。

深海电源对于深海战略具有重大意义，新一代无人潜航器（unmanned underwater vehicle，UUV）、舰船需要高比能锂电池和燃料电池的新型电化学电源，要求能够提供足够的续航能力和短时高功率输出能力。我国"蛟龙号"深潜器采用银锌电池，能量密度低，而美国、日本等国家在深海电源中应用先进锂离子电池提高续航时间，但技术对国内封锁。目前的液态锂离子电池，存在安全隐患，而且不能满足耐压的要求。深海电源对电源的深水耐压能、高能量密度、高安全可靠性及耐海水腐蚀等方面都提出了新的挑战。

特种电源中存在的核心瓶颈问题或"卡脖子"问题的解决及颠覆性技术突破要求基础研究能够提供创新的、更好的技术解决方案，对电池材料复杂的构效关系能精确认识，对于电池在制造和服役过程中的失效机制有全面的理解，对各种控制策略的效果能提供可靠的科学依据，亟须理论和方法的创新来支撑。在基础研究和工程技术应用研究中需要着力解决关键科学问题，以最终突破瓶颈。

1.3.2.2　燃料电池

清洁、高效的新能源是我国可持续发展和国家安全的重大战略需求，燃料电池是高能量密度的新能源，是影响国家经济繁荣与安全的尖端高技术，是《国家中长期科学和技术发展规划纲要（2006—2020 年）》的重点发展方向。

A　质子交换膜燃料电池

质子交换膜燃料电池（proton exchange membrane fuel cell，PEMFC）具有零排放、无污染、工作温度低、启动快及功率密度和能量密度高等优点，已成为未来新能源交通首选的长续航动力电源之一，应用前景广阔且国家需求迫切。在质子交换膜燃料电池核心关键技术方面，日本、美国、欧洲等发达国家和地区一直处于世界领先地位并已成功开始商业化，但燃料电池成本与寿命仍然是制约其大规模商业化的主要瓶颈。我国质子交换膜燃料电池经过多年的发展，虽取得了显著的成果，但距离商业化还有一定的差距，在核心关键材料（催化剂、质子交换膜等）与技术（膜电极制备、电堆集成等）方面亟须重大突破。在碱性阴离子交换膜燃料电池方面，国内在非贵金属催化剂与碱性阴离子交换膜的基础研究方面与国外主流科研机构的差距不大，但是国内外的研究都离商业化有较大的差距。

我国 PEMFC 商业化所面临的核心关键材料与瓶颈技术问题包括：（1）基于全电池评价的高活性、高稳定性的超低铂/非铂催化剂的低成本宏量制备及高性能长寿命膜电极；（2）具有自主知识产权的高机械强度、长寿命的超薄复合离子交换膜，特别是高温质子交换膜，以及高温、高湿、强碱环境下长寿命的碱性阴离子交换膜；（3）基于微流场设计的高比能、高一致性和高安全性的电池电堆；（4）工况环境下电堆衰减机制分析与系统控制策略；（5）催化剂、关键材料与部件及电堆的快速评价机制；（6）铂利用率和电池性能提升的极限；（7）满足 PEMFC 应用需求的清洁氢规模化获取、纯化及储运等技术。

B 固体氧化物燃料电池

现在和未来相当长时间内，我国能源仍以煤炭为基础，所以提高燃煤发电效率、实现 CO_2 近零排放是能源工业必须考虑的重大问题；风能、太阳能加速发展，但西部和北部地区"三弃"（弃风、弃光、弃水）现象严重，可再生能源对调峰容量的需求不断提高；大电网集中式供电安全问题不容忽视，重大事故造成巨大经济损失，分布式供电是集中式供电的重要补充。固体氧化物燃料电池可以直接使用各种含碳燃料，与现有能源供应系统兼容，模块化运行，发电效率高，在大型电站、分布式发电及家用热电联供、调峰储能乃至军事安全等领域均具有非常广阔的应用前景。

在固体氧化物燃料电池（solid oxide fuel cell，SOFC）核心关键技术方面，美国、欧洲、日本等发达国家和地区一直处于世界领先地位，自 20 世纪 80 年代开始，经过几十年的技术研发和攻关，已经基本实现了 SOFC 技术的商业化运行，发展和建立起多家具有自主 SOFC 核心技术的大型企业，如美国的 Bloom Energy、Fuel Cell Energy，日本的三菱重工、大阪燃气，英国的 Ceres Power 等。中国在 SOFC 领域开展了很好的基础研究工作，培养了有实力和经验丰富的科研团队，目前迫切需要从基础理论到关键技术的突破。

SOFC 领域的核心瓶颈技术包括碳基燃料处理及利用技术、中低温高性能长寿命电池技术、陶瓷-金属异相封接材料及技术、高温抗氧化金属连接体及其致密化涂层技术、发电模块多场耦合及组装技术、辅助设备开发及系统热电能效平衡控制技术、长期性能评价及衰减快速评测技术、与可再生能源耦合的转换与储存技术等。在基础材料研究方面，迫切需要具备研发电解质、电极材料新体系的能力。

1.3.2.3 超级电容器

超级电容器又名电化学电容器，是一种介于传统电容器与电池之间的电源，具有功率密度高、充放电时间短、循环寿命长、工作温度范围宽等优点，在工业、军事、交通、消费类电子产品等领域得到越来越广泛的应用。自面市以来，超级电容器受到世界各国的广泛关注。我国在《国家中长期科学和技术发展规划纲要（2006—2020 年)》及"十三五"规划中，都将级电容器列入能源领域中长期发展的重要前沿技术。

按照其储荷机制的不同，超级电容器可分为双电层电容器、赝电容器及新型混合电容器。双电层电容器作为传统的高功率型超级电容器，质量比功率可以达到 14~18 kW/kg。但由于多孔碳材料的储荷能力和电解液的电压窗口等限制性因素，双电层电容器的能量密度往往小于 10 W·h/kg。目前的研究重点在于探究影响双电层储荷机制的关键因素，优化多孔碳电极材料的结构设计，发展高稳定性的电解质体系，拓宽双电层电容器的电位窗口，从而进一步提升其功率密度和能量密度，满足军事和航空航天等领域的特殊需求。赝电容器因材料的高电活性和较高的比电容优势（2200 F/g），具有较大的研究前景。但赝电容的表面反应机制不清晰，且应用成本较高，限制了其商业化应用。

新型混合电容器主要分为内串型（离子电容器）和内并型（电池电容）两类，主要工作机制是结合嵌入型电池材料和电容材料，实现器件容量和功率性能的均衡。锂离子电容器通过正负极合理匹配，已逐步实现商业化，能量密度可达60 W·h/kg。其关键技术瓶颈在于电池材料的预锂化技术，调控器件电位，并有效利用电极容量。电池电容通过将多孔活性炭与嵌锂材料按照不同比例制成复合电极，构建新型储能体系，满足不同的应用需求。国内已开展此类器件研究，在功率密度 1~2 kW/kg 条件下，最多可实现 117 W·h/kg 的能量密度。但因能量存储过程涉及化学反应，导致其功密度较低；电极材料结构变化及锂枝晶的存在，导致其循环寿命较差；电解液在低温下电导率低，限制了其低温应用。

超级电容器储能技术种类繁多、机制多样，从传统的双电层电容器和赝电容器结合电池材料研究，衍生出多种新型混合电容器件。大多超级电容器都仍面临着发展高容量、高倍率、低成本的电容型材料制备技术，高电压、高电导率、高安全性的电解液与电极匹配技术。更为关键的是，当前超级电容器储荷机制和失效机制的分析技术较匮乏，无法有效判断电容型材料的发展方向。结合新型原位表征技术，深入分析超电容体系的问题与挑战，建立材料和电解液体系的有效筛选和匹配机制，对发展新型超级电容器体系显得尤为重要。

1.3.2.4 电化学工业

以电化学反应过程为基础的化学工业称为电化学工业。电化学工业的基本任务是有效而恰当地利用有限的资源与能源为社会服务。它既涉及传统的大吨位工业，如电化学冶金、食盐水电解制备氯气和烧碱，以及己二腈电合成，又涉及高附加值产品和材料，为化工、冶金、材料、能源、电子等产业提供坚实的支撑。电化学工业属于典型的能量消耗型产业，主要包括氯碱、电化学冶金、电镀与表面精饰、电合成等工业领域。

氯碱工业是高耗能行业，目前离子膜法电解制碱平均制每吨碱消耗电量 288 kW·h，平均新鲜水消耗量为 6 t 左右，在能源、资源日益紧张，全球发展低碳经济的情况下，氯碱工业面临很大的环境压力，如何加快技术改造和升级，降低能耗水平将是今后氯碱工业发展的大趋势。

电化学冶金技术是多种有色金属冶炼产业链工艺中的重要环节，电化学冶金的氧化还原反应都发生在电极上，电极材料是有色金属冶金技术的核心部件。降低能耗的有效途径是提高有色金属电沉积过程的电流效率和降低槽电压，而降低槽电压的主要手段是降低阳极析氧过电位，过电位的高低又与电极材料的性能密切相关。因此，电极材料在有色金属电化学冶金技术中起到关键性作用。

电镀与表面精饰的目的是在被处理的材料表面获得功能性薄膜（即镀层），在机械制造、仪器仪表、航空航天、电力电子、五金工具等领域发挥了极其重要的作用。近年来，电镀与表面精饰技术行业技术水平虽然有较快的提高，但与国际先进水平仍然有差距，集中表现在新工艺发展较慢，环保压力巨大，电镀废水处理、清洁生产工艺技术发展对电镀行业可持续影响很大，节能、降耗、减排、循环用水、发展绿色电镀新技术、新工艺是今后行业发展面临的任务。此外，我国电子电镀在高端电子元器件制造方面缺乏自主知识产权的核心技术，缺少完善的设备、原材料等供应链体系，以及薄弱的研发实力和人才储备，民族企业技术水平远落后于国际最新水平，行业发展极度依赖国外。

有机电合成借助电子这一最清洁的氧化还原试剂，通过调节电压和电流（电流密度）控制反应速率，是实现传统有机合成工艺绿色化的一条重要途径，也已经成为解决传统合成工艺、降低能耗、减少污染、提高产品质量等重大问题的有效方法。有机电合成过程的经济性与产品的附加值、生产成本和生产设备是否多目的性等因素有关。我国的有机电合成工业与发达国家在技术和规模上还存在相当大的差距，缺乏工程经验，设计出的电解槽结构不够理想，缺乏标志性工业应用技术范例。

1.3.3 电化学科学发展趋势

电化学科学的发展历时两个多世纪，现在已经成为国民经济与工业中不可缺少的部分，是一门历史悠久又不断焕发新生命力的学科。当前，电化学科学的发展趋势可以归纳为以下几个方面：

（1）电化学的研究体系和研究对象不断拓展。研究电极从局限于汞、固体金属和碳电极，扩大到许多新材料（如氧化物、有机聚合物导体、半导体、固相嵌入型材料、酶、膜、生物膜等），并以各种分子、离子、基团对电极表面进行修饰，对其内部进行嵌入或掺杂；研究介质从水溶液介质，扩大到非水介质（有机溶剂、熔盐、固体电解质等）；研究条件从常温、常压扩大到高温、高压及超临界状态等极端条件。

（2）电化学与其他学科的交叉综合不断凸显。电化学与能源科学、生命科学、环境科学、材料科学、信息科学、物理科学、工程科学等诸多学科的交叉不断加深，衍生出众多新型电化学分支学科，如固态电化学、生物电化学、化学修饰电极学、纳米电化学等。

（3）电化学的研究方法不断发展和理论研究日趋深入。随着研究方法的时空分辨率和检测灵敏度不断提升，电化学基础理论研究向微观（亚微观）、分子及原子水平飞跃，更加注重电化学界面的结构细节和电化学过程的单分子行为，促进电化学界面微观结构模型的建立，推动电化学理论创新和技术创新，如原子、离子、分子、电子等的排布，界面电场的形成，界面电位的分布，界面区粒子间的相互作用，电极表面的微结构和表面重建，表面态等的建立。

1.3.4 电化学学科重点发展的研究方向

根据我国电化学学科和电化学工业的发展现状分析，结合国际发展前沿和趋势，结合我国战略规划，针对电化学学科需要解决的重大科学问题，未来几年电化学学科重点发展的研究方向建议如下。

1.3.4.1 电化学基础理论与研究方法

（1）电化学基础理论：原子结构明确的模型电化学体系的构建、表征和构效规律；新型电化学界面设计、结构和性能（固/固、固/聚合物、固/液/气、固/液/液、固体电解质膜（solid electrolyte interphase，SEI）、非水电解质（离子液体）界面等）；适用于新型电化学界面结构和过程的理论构筑和概念创新；复杂电化学体系中的离子/电子耦合转移与传输机制研究。

（2）电化学表界面理论模拟和计算方法：借助人工智能和大数据方法，发挥数学建模和数值分析方法在电化学研究中的潜力，发展包含第一性原理的多尺度计算方法；为确立电化学数据相应的规范，并建设有效可靠的数据库的大数据技术在电化学研究中的应用。

（3）电化学先进原位表征方法：发展工况下高能量、高空间和高时间分辨及无侵扰的原位谱学技术（傅里叶变换红外光谱仪（fourier transform infrared spectrometer，FTIR）、衰减全反射（attenuated total reflectance，ATR）、表面增强拉曼光谱法（surface enhanced Raman spectrometry，SERS）、和频光谱（sum frequency generation，SFG）、透射电子显微镜（transmission electron microscope，TEM））；依托各类大科学装置（同步辐射光源、自由电子激光、中子衍射等）显著提升检测灵敏度、分辨率和精度；发展新型电化学界面工况条件研究方法（如同步辐射光源和自由电子激光专用线站搭建、冷冻/球差电镜等）及原位电解槽设计等。

1.3.4.2 电化学材料领域

（1）二次电池电极材料：设计高性能纳米正、负极材料及新型电解液和导电剂；高能量和高功率密度、安全可靠、长寿命、环境友好的储能器件及其复合系统研制；大容量锂离子电池的研发；空间环境因素对电源系统的影响。

（2）固态电池材料：电极/电解质固/固两相界面演变机制研究；全固态体系中锂离子嵌脱过程引起的材料应力分布变化和对电池性能的影响及调控研究；聚合物与无机固态电解质的复合材料及复合体系中的离子传输机制研究。

（3）电化学多孔材料：结构可控的多孔材料规模合成方法；多尺度上揭示结构、表面和界面等与电化学性能的关联和规律；材料表面修饰、插层复合、层层自组装等复合方法及其协同作用机制；高功率密度、高能量密度、长寿命、低成本超级电容器材料体系；纳米电催化材料的界面调控和催化反应机制；三维膜电极材料的设计与构筑；分层多孔纳米结构的新型非贵金属催化剂电极构建。

（4）电化学腐蚀与电沉积：钝化膜理论及局部腐蚀机理研究；腐蚀电化学材料制备及功能化；腐蚀电化学研究理论及仪器新方法；绿色环保电镀新工艺的开发及其电沉积理论体系的建立；电沉积技术在材料表面改性中的应用研究。

1.3.4.3 电化学能量存储领域

（1）动力锂离子电池：高镍多元正极、富锂层状材料、硅基负极材料等高比能量材料体系研发及其应用过程中的容量衰减、安全性等问题研究；开展基于全电池系统的电化学过程研究，并在此基础上研究新型高性能隔膜、电解液及其添加剂、黏结剂、集流体等材料，解决电池应用的系统性问题；低价格的钠、钾基二次电池；多电子反应的镁、铝、锌、铁等新电池体系；水性二次电池等储能体系的开发。

（2）下一代高比能电池。1）锂-硫电池。开发稳定的金属锂负极和具有高离子电导率和机械强度的固态电解质，开展锂-硫电池的结构设计和器件制备。2）锂-空气电池。研发对氧气和金属锂稳定、电导率较高的固态电解质，制备性能更优越的锂金属负极来替代金属锂。3）固态金属锂电池。研究固态电解质、金属锂负极和电解质/电极界面的问题，开发高离子电导率、高机械强度的固态电解质，界面稳定的金属负极，低阻抗的电极电解质固/界面。

（3）锂离子电池电解质：高安全性和高性能的新型电解液系统，包括溶剂体系、锂盐电解质及添加剂体系；加强对新型电极材料适用的电解液系统的研究，包括高电压正极材料、硅负极材料、新型氧化物储锂材料等匹配的电解液优化；大力发展全固态电解质，包括无机固体电解质和固态聚合物电解质的基础研究。

（4）超级电容器：超级电容储能机制的研究；材料筛选优化、器件性能评价和器件匹配研究；高功率双电层电容器研究；构建电容型与电池型材料复合储能的新型超电容储能体系研究；发展高功率、高能量的超电容关键技术；发展柔性化、集成化微型超电容关键技术。

（5）液流电池储能技术：开发新一代高性能、低成本的液流电池关键材料技术；开展电堆结构的数值模拟和实验验证，优化电堆结构，开发高功率密度电堆；大功率全钒液流电池储能模块、百兆瓦级储能系统的集成、智能控制管理策略及综合能量管理技术的研究开发。

1.3.4.4 电化学能量转换领域

（1）质子交换膜燃料电池：高性能长寿命的超低铂催化剂的批量制备技术；高活性非贵金属催化剂及其稳定性机制；耐久高离子传输的电解质；超薄高效的膜电极复合体先进制备技术；膜电极三相界面有序化、功能化构建及模型解析；具有自主知识产权的离子交换膜研发；工况环境协同催化与长稳服役机制；选择性离子的协同输运机制与传输通道构筑的化学新途径。

（2）固态氧化物燃料电池：可逆 SOFC 的运行机制、关键材料及其在大规模储能方面的应用；车用液态燃料 SOFC；直接碳固体氧化物燃料电池；高可靠（耐热循环）、长寿命（>20000 h）、低成本（<10000 元/kW）、高性能（发电效率大于 60%）的电堆工程化及批量生产技术开发；小型家用/商用及大型商用 SOFC 系统（1~5 kW）的开发。

（3）水电解技术：研究掺杂金属对钌（Ru）、铱（Ir）基阳极催化剂活性和稳定性的影响；开发酸性介质中稳定的新型载体（如金属氧化物、氮化物等）；开发酸性条件下低贵金属载量催化剂及非贵金属催化剂；探索有序纳米结构贵金属催化活性中心的可控合成、多金属复合纳米有序结构及其阵列的调控策略与方法。

（4）太阳电池和光伏材料：发展具有自主知识产权的高效率、低能耗、环境友好的关键光伏材料体系；关注新型光伏器件中光电转换过程的相关机理，探索性能预测为导向的计算方法与器件物理模型；探索光伏器件界面微纳结构对光电转换性能的影响规律，建立和发展界面结构及聚集态结构的原位表征方法；结合纳米方法和技术控制分子结构和分子聚集态结构，对有机光伏薄膜微结构及界面修饰的有效调控的新方法和技术。

1.3.4.5 电化学分析和生物科学领域

电化学生物传感器的放大策略开发；电化学分析在现代大健康中的应用；单分子精准动态测量；以可穿戴式的电化学生物传感器为代表的实用型电化学传感器开发；结合人工智能发展以大数据为应用平台的电分析技术；发展电化学分析技术（如光学显微镜的成像技术）用于电化学过程的理论研究，为能源相关学科的发展提供有力的理论支撑。

1.3.4.6 电化学工业领域

（1）电化学工程基础研究：电化学过程和技术的开发研究，包括电化学过程、反应器和工艺的开发设计与优化；电化学工程中电流和电位分布、电化学反应速率、数学模型等时空参数研究。

（2）电极材料和电化学反应器：利用金属掺杂提高电极的稳定性和使用寿命并调控电极过电位；发展掺硼金刚石（boron-doped diamond，BDD）电极材料；采用计算流体力学（computational fluid dynamics，CFD）等数学手段模拟电解槽内部流场分布、原料分布、产品分布、电流密度分布、温度分布，优化反应器结构；发展多种类型的电化学反应器；加强中试放大研究。

（3）电化学合成技术：开展结构复杂的、高附加值的药物中间体、精细化学品的电合成工艺研究；探索有机电合成反应历程，发现新的电极反应及规律；加强电解过程工程放大的研究；无机电合成传统工艺的升级换代、节能降耗和绿色化改造；纳微结构材料的电化学制备；CO_2 电解转换为高附加值的精细化工产品；酸类和碱类电子化学品制备的通用方法和技术开发。

（4）环境电化学：开展废水处理中全组分的分离利用；研究电化学处理废气过程中的气体电解机制，提高气体电解效率；开展电子垃圾、冶金废渣、废弃化学电源等废固的全组分利用资源化，减少或消除废渣产生；电化学方法去除活性污泥中的重金属；研究电化学修复土壤过程的电迁移、电渗和电泳等机制，以及有机污染物降解机理；发展电化学节能、降耗的清洁生产工艺。

（5）电化学表面修饰与加工：电化学表面处理在材料表面功能化方面的应用；电化学加工在电化学微构筑技术和约束刻蚀技术中的应用。

（6）电子电镀技术与电子化学品：电子电镀技术的理论研究包括界面物理化学性质的研究、可控金属电沉积调控作用机理研究和非导体金属化方法的研究；功能性添加剂的研究和开发；电子电镀的监控和维护。

1.4 电解质溶液基础理论

电解质溶液是构成电化学体系的重要组成部分。在学习电化学热力学、电极/溶液界面结构及电极过程动力学之前，简要地了解下电解质溶液的相关概念和基础理论。

1.4.1 电解质溶液的电导、电导率

任何导体对电流的通过都有一定的阻力，这一特性在物理学中称为电阻，以 R 表示。对于电子导体，电流 I 与施加在导体两端的电压 U 和电阻 R 的关系可由欧姆定律给出：

$$I = U/R \tag{1.1}$$

在一定温度下，电阻 R 与导体的几何因素和电阻率之间的关系为：

$$R = \rho l/S \tag{1.2}$$

式中，l 为导体长度；S 为导体截面积；ρ 为电阻率，$\Omega \cdot cm$。

与电子导体一样，在外电场作用下，电解质溶液中的离子也将从无规则的随机运动转变为定向运动，形成电流。电解质溶液也具有电阻，并服从欧姆定律。然而，在习惯上，常常用电阻和电阻率的倒数来表示电解质溶液的导电能力，即电导（$G=1/R$）和电导率（$\kappa=1/\rho$）。故有

$$G = \kappa S/l \tag{1.3}$$

式中，G 为电导；κ 为电导率，表示边长为 1 cm 的立方体溶液的电导，S/cm，κ 和电阻率 ρ 类似，排除了导体几何因素的影响，因此可以通过电导率 κ 评价电解质溶液的导电能力。

根据电解质溶液导电的机理是溶液中离子的定向运动可知，在固定电解质溶液几何尺寸条件下，离子在电场作用下迁移的路程（电解质溶液厚度）和通过的电解质溶液截面积一定时，电解质溶液导电能力与离子的运动速度有关。离子运动速度越大，传递电量就越快，则导电能力越强。另外，电解质导电能力正比于离子的浓度。因此，凡是影响离子运动速度和离子浓度的因素，都会对电解质溶液导电能力产生影响。

影响离子浓度的主要因素有电解质的浓度和电离度。同一种电解质，浓度越大，电离后离子的浓度也越大；此外，电解质浓度一定时，电解质电离度越大，电离后的离子浓度越大。

影响离子运动速度的因素则更多一些，有以下几个主要因素。

（1）离子本性：主要受水化离子的半径影响。半径越大，在溶液中运动时受到的阻力越大，因而运动速度越小。其次是离子的价数，价数越高，受外电场作用越大，因此离子运动速度越大。不同离子在同一电场作用下，它们的运动速度是不一样的。

（2）溶液总浓度：电解质溶液中，离子间存在着相互作用。浓度增大后，离子间距离减小，相互作用加强，使离子运动的阻力增大。

（3）温度：温度升高，离子运动速度增大。

（4）溶剂黏度：溶剂黏度越大，离子运动的阻力越大，因此运动速度减小。

总之，电解质和溶剂的性质、温度和溶液浓度等因素均对电解质溶液的电导率 κ 有较大影响。其中电解质浓度对电导率的影响比较复杂，如图 1.3 所示。强电解质的解离度与浓度无关，理论上，电导率与电解质浓度应呈线性关系。但是，这种线性关系只对稀溶液体系才成立。随着电解质溶液浓度的增

加，离子间距变小，离子间的静电作用迅速增大，使高浓度电解质溶液的电导率只随浓度的增加而缓慢增加，从而使溶液的电导率与浓度之间的关系偏离稀溶液时的线性关系。静电作用力与离子间距的平方成反比，带相反电荷离子间的强静电作用将阻碍离子在溶液中的运动，因此高浓度溶液的电导率随浓度增大缓慢上升。对于浓度很高的电解质溶液，离子间的距离变得非常小，阴、阳离子间强的库仑作用使离子发生缔合，形成中性粒子，这些中性粒子对溶液电导率没有贡献。因此，在电解质溶液浓度达到一定值后，其电导率不是随着浓度的增加而增大，反而随浓度的增加而下降。不少电解质溶液的电导率与溶液浓度的曲线会出现极大值。

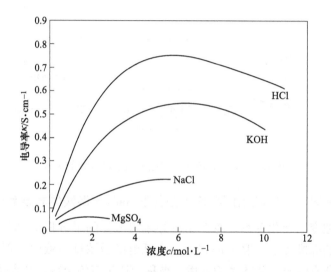

图 1.3 18 ℃条件下电解质溶液电导率随浓度的变化关系

1.4.2 摩尔电导率

前文已提及，电解质溶液的电导率与浓度有关，为了更方便地表征电解质溶液的导电能力，提出了摩尔电导率（λ）概念（在较早的教科书和手册中常采用当量电导率的概念，与摩尔电导率非常相似）。在两个相距 1 cm 面积相等的平行板电极之间，含有 1 mol 电解质的溶液所具有的电导，单位为 S·cm^2/mol。

$$\lambda = \frac{1000}{c}\kappa \qquad (1.4)$$

式（1.4）为摩尔电导率和电导率的换算关系的数学表达式，其中 c 为电解质浓度，κ 为电导率。如果忽略离子间的相互作用，则强电解质溶液的摩尔电导率与浓度无关。但正如前面所述，离子间的强相互作用使电解质溶液的摩尔电导

率 λ 也与电解质溶液的浓度有关。实验结果表明，随着溶液浓度的降低，摩尔电导率逐渐增大（见图 1.4）并趋向一个极限值 $\lambda_\circ$。（$\lambda_\circ$ 称为无限稀释溶液的摩尔电导率或极限摩尔电导率）。

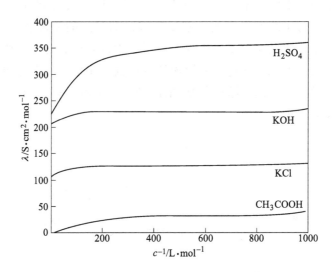

图 1.4　摩尔电导率 λ 与电解质浓度倒数的关系

表 1.1 和图 1.5 分别给出了 25 ℃ 条件下 NaCl 水溶液的电导率和摩尔电导率的实验值随浓度的变化关系。将摩尔电导率对浓度的平方根 $\sqrt{c/c^{\ominus}}$ 作图（$c^{\ominus}$ 为电解质溶液的标准浓度，取 1 mol/L），在低电解质浓度溶液中表现出线性关系。这一关系对所有强电解质体系均适用，被称为科尔劳施定律，其表达式为：

$$\lambda = \lambda_\circ - k\sqrt{c/c^{\ominus}} \tag{1.5}$$

式中，k 为常数；$\lambda_\circ$ 为无限稀释溶液的摩尔电导率。

科尔劳施公式只适用于强电解质溶液。利用科尔劳施经验公式，可以测出一系列强电解质稀溶液的摩尔电导率，用 λ 对 $\sqrt{c/c^{\ominus}}$ 作图，外推至 $c=0$ 处，从而求得 $\lambda_\circ$。不过，由于有时 $\lambda-\sqrt{c/c^{\ominus}}$ 曲线的线性不够好，并不能得到精确的 λ_0 值。当溶液无限稀时，离子间的距离很大，可以完全忽略离子间的相互作用，即每个离子的运动都不受其他离子的影响。这种情况下，离子的运动都是独立的。这时，电解质溶液的摩尔电导率就等于电解质全部电离后所产生的离子摩尔电导率之和，这一规律称为离子独立移动定律。若用 λ_+、λ_- 分别代表阳、阴离子的极限摩尔电导率，则可用数学关系式表达这一定律，即

$$\lambda_0 = \lambda_{0,+} + \lambda_{0,-} \tag{1.6}$$

表 1.1　25 ℃时各种浓度的 NaCl 水溶液电导率 κ 和摩尔电导率 λ

$c/\text{mol} \cdot \text{L}^{-1}$	$\kappa/\text{S} \cdot \text{m}^{-1}$	$\lambda/\text{S} \cdot \text{m}^2 \cdot \text{mol}^{-1}$
0		126.45×10^{-4}
0.0005	6.22×10^{-3}	124.50×10^{-4}
0.001	1.24×10^{-2}	123.74×10^{-4}
0.005	6.03×10^{-2}	120.65×10^{-4}
0.01	1.18×10^{-1}	118.51×10^{-4}
0.02	2.32×10^{-1}	115.76×10^{-4}
0.05	5.55×10^{-1}	111.06×10^{-4}
0.10	1.07×10^{-3}	106.74×10^{-4}

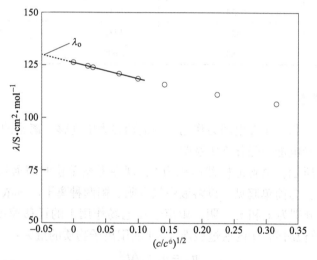

图 1.5　25 ℃条件下 NaCl 水溶液的摩尔电导率随电解质浓度

（ $\sqrt{c/c^{\ominus}}$ ）的变化关系

　　表 1.2 给出了 25 ℃时某些离子的极限摩尔电导率。应用离子独立移动定律，可以在已知离子极限摩尔电导率时计算电解质的 λ_o 值，也可以通过强电解质的 λ_o 计算弱电解质的极限摩尔电导率。例如，25 ℃时，用外推法求出了下列强电解质的 λ_o（$\text{S} \cdot \text{cm}^2/\text{mol}$）：

$$\lambda_{o,\text{HCl}} = 426.1, \lambda_{o,\text{NaCl}} = 126.5, \lambda_{o,\text{NaAc}} = 91.0$$

于是可计算醋酸（HAc）在无限稀释时的摩尔电导率如下：

$$\lambda_{o,\text{HAc}} = \lambda_{o,\text{H}^+} + \lambda_{o,\text{Ac}^-} = \lambda_{o,\text{HCl}} - \lambda_{o,\text{NaCl}} + \lambda_{o,\text{NaAc}} = 390.6 \ \text{S} \cdot \text{cm}^2/\text{mol}$$

表 1.2　25 ℃时某些离子的极限摩尔电导率

阳离子	$\lambda_{o,+}/S \cdot cm^2 \cdot mol^{-1}$	阴离子	$\lambda_{o,-}/S \cdot cm^2 \cdot mol^{-1}$
H^+	349.81	OH^-	198.3
L^+	38.68	F^-	55.4
Na^+	50.10	Cl^-	76.35
K^+	73.50	Br^-	78.14
NH_4^+	73.55	I^-	76.84
Ag^+	61.9	NO_3^-	71.64
Mg^{2+}	53.05	ClO_3^-	64.4
Ca^{2+}	59.5	ClO_4^-	67.36
Ni^{2+}	53	IO_3^-	40.54
Cu^{2+}	53.6	CH_3COO^-	40.90
Zn^{2+}	52.8	SO_4^{2-}	80.02
Cd^{2+}	54	CO_3^{2-}	69.3
Fe^{2+}	53.5	PO_4^{3-}	69.0
Al^{3+}	63	CrO_4^{2-}	85

1.4.3　离子淌度

溶液中阴、阳离子在电场力作用下的运动称为电迁移。离子的电迁移速度和电解质溶液的导电能力是什么关系呢？

如图 1.6 所示，电解池横截面积为 S，现在考察单位时间通过截面 $A—A$ 的阴阳离子数量。为简单起见，设溶液中只有阴、阳两种离子。其浓度分别为 c_+ 和 c_-，离子价数分别为 z_+ 和 z_-。阴、阳离子在电场作用下的迁移速度分别为 v_+ 和 v_-（cm/s）。单位时间 Δt 内通过截面 $A—A$ 的阳离子物质的量为：

$$n_+ = c_+ v_+ \Delta t S \tag{1.7}$$

单位时间单位面积通过截面 $A—A$ 的电荷通量（mol/($m^2 \cdot s$)）为

$$Q = Q_+ + Q_- = \frac{n_+ + n_-}{\Delta t S} = c_+ v_+ + c_- v_- \tag{1.8}$$

换算成电流密度（A/m^2）为

$$j = j_+ + j_- = zFQ = \frac{F z_+ c_+ v_+ + F z_- c_- v_-}{1000} \tag{1.9}$$

将 $j = U/SR = \kappa U/l = \kappa E$（$E$ 为电场强度）代入式（1.9），得

$$\kappa = \frac{F}{1000} \left(\frac{v_+}{E} z_+ c_+ + \frac{v_-}{E} z_- c_- \right) \tag{1.10}$$

式中，$\dfrac{v_+}{E}$，$\dfrac{v_-}{E}$ 表示单位场强（V/cm）下离子的迁移速度，称为离子淌度，分别以 u_+、u_- 表示，单位为 $cm^2/(V \cdot s)$。

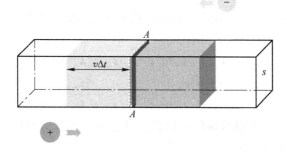

图 1.6　离子的电迁移示意图

将 $\lambda = \dfrac{1000}{C}\kappa$ 的关系代入式（1.10），可得

$$\lambda = \lambda_+ + \lambda_- = z_+Fu_+ + z_-Fu_- \tag{1.11}$$

由式（1.11）可以看出，在电解质完全电离的条件下，摩尔电导率随浓度的变化是由 u_+ 和 u_- 引起的。也就是说，u_+、u_- 的大小决定着离子摩尔电导率的大小。在强电解质溶液中，随着溶液浓度的减小，离子间相互作用减弱，因而离子的运动速度增大，也就是 u_+、u_- 增大，致使摩尔电导率 λ 增加。在无限稀释溶液中，显然有：

$$\lambda_o = F(u_{o,+} + u_{o,-}) = \lambda_{o,+} + \lambda_{o,-} \tag{1.12}$$

从而得出了与离子独立移动定律相同的结论。

1.4.4　离子迁移数

上面已提到，若溶液中只含阴、阳两种离子，则通过电解质溶液的总电流密度应当是两种离子迁移的电流密度之和，每种离子所迁移的电流密度只是总电流密度的一部分。这种关系可表示如下：

$$j_+ = t_+j \tag{1.13a}$$

$$j_- = t_-j \tag{1.13b}$$

式中，t_+，t_- 为小于 1 的分数。

因为 $j = j_+ + j_- = 1$，所以 $t_+ + t_- = 1$。t_+ 和 t_- 就叫作阳离子的迁移数和阴离子的迁移数，其数值可由下式求得：

$$t_+ = \dfrac{j_+}{j_+ + j_-} \tag{1.14a}$$

$$t_- = \frac{j_-}{j_+ + j_-} \tag{1.14b}$$

由此可见，可以把离子迁移数定义为某种离子迁移的电量在溶液中各种离子迁移的总电量中所占的百分数。根据式（1.9）和式（1.14），并用离子淌度代替式（1.9）中的离子运动速度，则可以将离子迁移数表示为：

$$t_+ = \frac{|z_+|u_+c_+}{|z_+|u_+c_+ + |z_-|u_-c_-} = \frac{|z_+|c_+\lambda_+}{|z_+|c_+\lambda_+ + |z_-|c_-\lambda_-} \tag{1.15a}$$

$$t_- = \frac{|z_-|u_-c_-}{|z_+|u_+c_+ + |z_-|u_-c_-} = \frac{|z_-|c_-\lambda_-}{|z_+|c_+\lambda_+ + |z_-|c_-\lambda_-} \tag{1.15b}$$

如果溶液中有多种电解质同时存在，可以进行类似的推导，从而得到表示 i 种离子迁移数的通式，即

$$t_i = \frac{|z_i|u_ic_i}{\sum |z_i|u_ic_i} = \frac{|z_i|c_i\lambda_i}{\sum |z_i|c_i\lambda_i} \tag{1.16}$$

当然，这种情况下，所有离子的迁移数之和也应等于 1。

从式（1.15）可知，迁移数与浓度有关。表 1.3 中列出了水溶液中某些物质的阳离子迁移数与浓度的关系。电解质的某一种离子的迁移数总是在很大程度上受到其他电解质的影响。当其他电解质的浓度很大时，甚至可以使某种离子的迁移数减小到趋近于零。例如，HCl 溶液中 H^+ 的摩尔电导率比 Cl^- 大得多，H^+ 的迁移数 t_{H^+} 当然也要远大于 Cl^- 的迁移数 t_{Cl^-}。但是，如果向溶液中加入大量 KCl，则有可能出现完全不同的情况。这时，$t_{H^+} + t_{Cl^-} + t_{K^+} = 1$。假定 HCl 浓度为 1×10^{-3} mol/L，KCl 浓度为 1 mol/L。且已知该溶液中 $u_{K^+} = 6 \times 10^{-4}$ cm²/(V·s)，$u_{H^+} = 30 \times 10$ cm⁻⁴/(V·s)。则有：

$$\frac{t_{K^+}}{t_{H^+}} = \frac{u_{K^+}c_{K^+}/\sum u_ic_i}{u_{H^+}c_{H^+}/\sum u_ic_i} = 200 \tag{1.17}$$

可见，尽管 H^+ 的迁移速度比 K^+ 大得多，但在这个混合溶液中，它所迁移的电流却只是 K^+ 的 1/200。这是因为 H^+ 的浓度远小于 K^+ 和 Cl^- 的浓度。

离子迁移数可由实验直接测出。因为水溶液中离子都是水化的，离子移动时总是要携带着一部分水分子，而且它们的水化数各不相同，而通常又是根据浓度的变化来测量迁移数的，所以实验测定的迁移数包含了水迁移的影响。有时把这种迁移数称为表观迁移数，以区别于把水迁移影响扣除后所求出的真实迁移数。不过，在电化学的实际体系中，离子总是带着水分子一起迁移的，这种水迁移并不影响我们所讨论的问题。因此，除特殊注明外，电化学中提到的迁移数都是表观迁移数。

表 1.3 某些水溶液中阳离子的迁移数 (25 ℃)

$c/\mathrm{mol} \cdot \mathrm{L}^{-1}$	迁移数			
	HCl	LiCl	NaCl	KCl
0.01	0.8251	0.3289	0.3918	0.4902
0.02	0.8266	0.3261	0.3902	0.4901
0.05	0.8292	0.3211	0.3876	0.4899
0.10	0.8314	0.3168	0.3854	0.4898
0.20	0.8337	0.3112	0.3821	0.4894
0.50	—	0.3000	—	0.4888
1.00	—	0.2870	—	0.4882

1.4.5 活度的基本概念

在一定浓度的溶液中，离子将在其周围建立带有相反电荷的离子氛。在电极过程中，溶液中离子在发生反应前，其周围的离子氛必须首先剥离。这个过程需要一定的额外能量，损耗体系的能量。因此，离子的自由能以及反应活性比溶液中自由离子低。电解质溶液浓度越高，离子氛的密度越大。因此，随着溶液浓度的增大，离子的自由能和反应性的降低会变得更加明显。

在物理化学中已学过，理想溶液中组分 i 的化学位等温式为

$$\mu_i = \mu_i^{\ominus} + RT\ln y_i \tag{1.18}$$

式中，y_i 为 i 组分的摩尔分数；$\mu_i^{\ominus}$ 为 i 组分的标准化学位；μ_i 为 i 组分的化学位；R 为摩尔气体常量；T 为热力学温度。

无限稀释溶液具有与理想溶液类似的性质，其溶剂性质遵循拉乌尔 (Raoult) 定律，溶质性质遵循亨利 (Henry) 定律。所以，对于无限稀释溶液，可以采用式 (1.18)，只是对溶质来说，式中的 $\mu_i^{\ominus}$ 不等于该溶质纯态时的化学位。

在真实溶液中，由于存在着各种粒子间的相互作用，使真实溶液的性质与理想溶液有一定的偏差，不能直接应用式 (1.18)。然而，为了保持化学位公式有统一的简单形式，就把真实溶液相对于理想溶液或无限稀释溶液的偏差全部通过浓度项来校正，而保留原有理想溶液或无限稀释溶液的标准态，即令 $\mu_i^{\ominus}$ 不变。这样，真实溶液与理想溶液或无限稀释溶液相联系时有共同的标准态，便于计算。为此引入一个新的参数——活度来代替式 (1.18) 中的浓度，即

$$\mu_i = \mu_i^{\ominus} + RT\ln a_i \tag{1.19}$$

式中，a_i 为 i 组分的活度，其物理意义是"有效浓度"。

活度与浓度的比值能反映粒子间相互作用所引起的真实溶液与理想溶液的偏差，称为活度系数。通常用符号 γ 表示，即

$$\gamma_i = \frac{a_i}{y_i} \tag{1.20}$$

同时，规定活度等于 1 的状态为标准状态。对于固态物质、液态物质和溶剂，这一标准状态就是它们的纯物质状态，即规定纯物质的活度等于 1。对溶液中的溶质，则选用具有单位浓度而又不存在粒子间相互作用的假想状态作为该溶质的标准状态。也就是这种假想状态同时具备无限稀释浓液的性质（活度系数等于 1）和活度为 1 的两个特性。

溶液可以采用不同的浓度标度，因而各自选用的标准状态不同，得到的活度和活度系数也不同。常用的浓度标度有摩尔分数 y、质量摩尔浓度 m 和体积摩尔浓度 c。在讨论理论问题时，常用摩尔分数 y 表示浓度，并将 $\gamma_i(y)$ 称为合理的活度系数。在讨论电解质溶液时常用质量摩尔浓度 m 和体积摩尔浓度 c，称 $\gamma_i(m)$ 和 $\gamma_i(c)$ 为实用活度系数。采用不同浓度标度时，同一溶质的活度系数和标准化学位的数值是不同的。

1.4.6 离子活度和电解质活度

任何电解质都是电中性的，电解质在溶液中会电离成阴、阳离子。不可能得到只含一种离子的电解质溶液，也不可能只改变电解质溶液中某一种离子的浓度。所以，单种离子的活度是无法测量的。人们只能通过实验测出整个电解质的活度。正因为如此，引入了电解质平均活度和平均活度系数的概念。

设电解质 MA 的电离反应为

$$\text{MA} \longrightarrow \nu_+ \text{M}^+ + \nu_- \text{M}^- \tag{1.21}$$

式中，ν_+，ν_- 分别为 M^+ 和 A^- 的化学计量数。

定义：$\gamma_\pm$ 为电解质的离子平均活度系数；$m_\pm$ 为离子平均浓度；$a_\pm$ 为离子平均活度。电解质活度 a 与离子平均活度 $a_\pm$、离子平均活度系数 $\gamma_\pm$ 之间的关系式为：

$$a = a_\pm^\nu = (\gamma_\pm m_\pm)^\nu \tag{1.22}$$

式中，$\nu = \nu_+ + \nu_-$，电解质活度 a 可由实验测定，因此可以通过 a 求得电解质的离子平均活度 $a_\pm$ 和离子平均活度系数 $\gamma_\pm$，并用 $\gamma_\pm$ 近似计算离子活度，即

$$a_+ = \gamma_\pm m_+ \tag{1.23}$$

$$a_- = \gamma_\pm m_- \tag{1.24}$$

目前，许多常见电解质的离子平均活度系数均已求出，可以从电化学或物理化学手册中查到。相对于其他的浓度标度，都可以导出与上述式子相似的关系式，此处不再赘述。

1.4.7 离子强度定律

在研究影响活度系数的因素时，人们发现，在稀溶液中电解质平均活度系数

与电解质浓度之间存在着一定的规律。例如，在表 1.4 中，m_1 为 TlCl 的质量摩尔浓度，m_2 为其他电解质的浓度。当 $m_1+m_2<0.02$ mol/kg 时，TlCl 在各种电解质溶液中饱和时的离子平均活度系数只与溶液总浓度（m_1+m_2）有关，而与电解质的种类无关。

表 1.4　TlCl 在某些 Ⅰ-Ⅰ 价型电解质溶液中饱和时的离子平均活度系数 $\gamma_\pm$（25 ℃）

m_1+m_2 /mol·kg^{-1}	溶液活度系数 $\gamma_\pm$			
	HCl	KCl	KNO$_3$	TlNO$_3$
0.001	0.970	0.970	0.970	0.970
0.005	0.950	0.950	0.950	0.950
0.010	0.909	0.909	0.909	0.909
0.020	0.871	0.871	0.872	0.869
0.050	0.793	0.797	0.809	0.784
0.100	0.718	0.715	0.742	0.686
0.200	0.630	0.613	0.676	0.546

1921 年路易斯（Lewis）等人在研究了大量不同离子价型电解质的实验数据后，总结出一个经验规律：电解质的离子平均活度系数 $\gamma_\pm$ 与溶液中总的离子浓度和离子电荷（即离子价数）有关，而与离子本性无关。并把离子电荷与离子总浓度联系在一起，提出了一个新的参数——离子强度 I，即

$$I = \frac{1}{2} \sum m_i z_i^2 \tag{1.25}$$

$$I = \frac{1}{2} \sum c_i z_i^2 \tag{1.26}$$

而电解质的离子平均活度系数与离子强度的关系则为

$$\lg\gamma_\pm = -A' \sqrt{I} \tag{1.27}$$

式中，A' 为与温度有关而与浓度无关的常数。

式（1.27）表达的规律就叫作离子强度定律。这是一个经验公式，它表明在离子强度相同的溶液中，离子价型相同的电解质平均活度系数相等。离子强度定律适用于 $I<0.01$ 的很稀的溶液。在此浓度范围内，可以直接用式（1.27）计算平均活度系数，而无需进行实验测定。但随浓度升高，计算值与实验值的偏差增大，式（1.27）就不再适用了。

复习思考与练习题

1-1　结合原电池和电解池实例，分析电流回路是如何实现电流导通的。

1-2　对比分析电子导体和离子导体的异同点。

1-3　列举几个电化学发展史中的里程碑事件。

1-4　电解质溶液导电能力的影响因素有哪些，影响规律是怎样的？

1-5　对于同种电解质溶液，为什么无限稀释溶液的摩尔电导率通常大于浓度较高的溶液？

1-6　电解质溶液中离子淌度越大，其离子迁移数肯定大于其他离子吗，为什么？

1-7　为何要引入活度概念？

1-8　为何说离子的活度无法测量？

1-9　一般采用什么方法可以获得离子的活度？请简述步骤。

1-10　测得 25 ℃时，0.001 mol/L 氯化钾溶液中，KCl 的摩尔电导率为 141.3 S·cm²/mol，水的电导率为 1.0×10⁻⁶ S/cm，试计算该溶液的电导率。

1-11　在 18 ℃ 的某稀溶液中，H^+、K^+、Cl^- 等离子的摩尔电导分别为 278 S·cm²/mol、48 S·cm²/mol 和 49 S·cm²/mol。试问 18 ℃时在场强为 10 V/cm 的电场中，每种离子以多大的平均速度移动。

1-12　已知 25 ℃时，KCl 溶液的极限摩尔电导率为 149.82 S·cm²/mol，其中 Cl^- 的迁移数是 0.5095；NaCl 溶液的极限摩尔电导率为 126.45 S·cm²/mol，其中 Cl^- 的迁移数为 0.6035。根据这些数据：

（1）计算各种离子的极限摩尔电导率；

（2）由上述计算结果证明离子独立移动定律的正确性；

（3）计算各种离子在 25 ℃的无限稀释溶液中的离子淌度。

1-13　计算下列电解质的平均活度（平均活度系数可自查《实用化学手册》）：

（1）H_2SO_4(0.5 mol/kg)；

（2）HCl(0.2 mol/kg)；

（3）$Pb(NO_3)_2$(0.02 mol/kg)；

（4）$K_4Fe(CN)_6$(0.1 mol/kg)。

2 电化学热力学

经典电化学的主要理论支柱是电化学热力学、界面双电层结构和电极过程动力学。本章学习电化学热力学。大家在"物理化学"课程中学习了化学热力学和化学动力学。在化学热力学部分，学习了很多热力学函数（焓、熵、吉布斯自由能等），通过热力学计算可以判断一个反应的进行方向和平衡常数，并进一步计算反应能够进行的限度。与化学热力学不同，化学动力学主要研究一个反应的微观反应路径，辨别速度控制步骤，并求算反应速率方程。那么电化学热力学与化学热力学有何联系，有何区别呢？学完这一章大家就可以回答上面的问题了。

电化学热力学讨论的对象是平衡电化学体系或电极体系。在平衡电化学体系，两个电极体系（阳极电极体系和阴极电极体系）均处于平衡状态或无限接近平衡状态下工作，同一电极阳极方向反应速率与阴极方向反应速率相等，净电流为零，未发生能量和物质的交换。因此，电化学热力学主要讨论电池电动势、电极电位与热力学函数之间的关系。由于电极体系没有净反应进行，因此讨论对象均未涉及反应速率、电流等参数。

2.1 相间电位和电极电位

相间电位是指两相接触时，在两相界面层中存在的电位差。两相之间出现电位差的原因是带电粒子（含偶极子）自发向能量低的相移动或富集，导致带电粒子在界面层分布不均匀。下面我们分别介绍金属/金属相间电位、溶液/溶液相间电位和金属/溶液相间电位的形成机理。

2.1.1 金属/金属相间电位

由于不同金属对电子的亲和能不同，因此在不同的金属相中电子的电化学位不相等，电子逸出金属相的难易程度也就不相同。通常，以电子离开金属逸入真空所需要的最低能量来衡量电子逸出金属的难易程度，这一能量叫电子逸出功。显然，在电子逸出功高的金属相中，电子比较难逸出。如图 2.1 所示，金属 M_1 与金属 M_2 接触。假设 M_2 的电子逸出功更小，在单位时间内，M_2 相有 2 个电子逸出进入 M_1 相；与此同时，M_1 相只有 1 个电子逸出进入 M_2 相。由于金属 M_1 和 M_2 相电子逸出功不等，相互逸入的电子数目将不相等，M_1 相出现剩余电子，而 M_2

相出现剩余正电荷。在静电作用下，剩余电荷富集在界面层两侧，形成了双电层结构。随着双电层的形成，双电层的电场将抑制 M_2 相的电子逸出，而促进 M_1 相的电子逸出，直至 M_2 和 M_1 相电子逸出速率相等，两相剩余电荷保持不变，双电层结构不再变化。此时，金属/金属相间电位达到稳定值，这种相间电位通常又被称为接触电位。在测定电池的电动势时要用导线与两电极相连，因而，必然出现不同金属间的接触电位，它也是构成整个电池电动势的一部分。

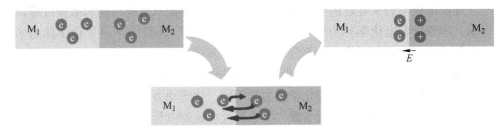

图 2.1　金属/金属相间电位形成机理示意图

那么，金属/金属相间电位可以测量吗？假设采用如图 2.2 所示的示意图来测量 M_1/M_2 相间电位，外围测量线路采用与 M_1 相相同材料的导线。这样，整个测试回路会有 3 个金属/金属接触界面，分别为 M_1/M_1、M_1/M_2、M_2/M_1，那么，电位计的测量结果应该为：

$$V = \Delta\varphi_{M_1-M_1} + \Delta\varphi_{M_1-M_2} + \Delta\varphi_{M_2-M_1} \tag{2.1}$$

式中，$\Delta\varphi_{M_1-M_1}$ 为 0，$\Delta\varphi_{M_1-M_2}$ 和 $\Delta\varphi_{M_2-M_1}$ 互为相反数，所以会发现电位计的示数始终为 0。类似地，把外围测量线路采用 M_2 相或 M_3 相导线，会得到同样的结论。因此，金属/金属相间电位不可测量。

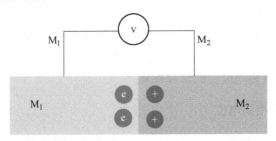

图 2.2　金属/金属相间电位测量示意图

2.1.2　溶液/溶液相间电位

在两个含有不同溶质的溶液所形成的界面上，或者两种溶质相同而浓度不同的溶液界面上，存在着微小的电势差，称为液体接界电势。它的大小一般不超过 0.03 V。液体接界电势产生是由于离子的迁移速率不同引起的。如图 2.3（a）

所示，0.1 mol/L HCl（SⅠ相）和 1 mol/L HCl（SⅡ相）溶液接触，SⅡ相中 HCl 浓度高于 SⅠ相，HCl 自发向 SⅠ相扩散。由于 H^+ 的运动速度比 Cl^- 快。在单位时间内，SⅡ相向 SⅠ相扩散的 H^+ 多于 Cl^-，导致 SⅠ一侧出现剩余阳离子，SⅡ一侧出现剩余阴离子，形成界面双电层。在界面双电层电场的作用下，H^+ 的运动速度变慢，Cl^- 的运动速度变快。直至 H^+ 与 Cl^- 运动速度相等，界面两侧剩余电荷不变，双电层结构不变，液体接界电势不变（见图 2.3（b））。类似地，1 mol/L HCl 和 1 mol/L KCl 溶液接触（见图 2.3（c）），由于 K^+ 和 H^+ 的运动速度不同，也会在溶液界面两侧形成双电层，出现液体接界电势。图 2.3（d）所示的情形则更为复杂，多种离子运动速度和方向不同，导致界面两侧形成剩余电荷，出现液体接界电势。

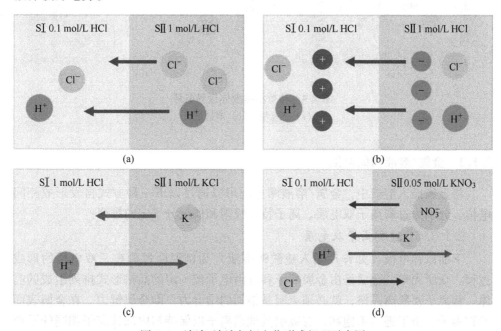

图 2.3　溶液/溶液相间电位形成机理示意图
（a）（b）浓度不同的同种电解质溶液界面（（a）为起始态；（b）为稳态）；（c）浓度相同的不同电解质溶液界面；（d）浓度不同的不同电解质溶液界面

　　扩散过程是不可逆的，所以如果电化学体系中包含有液体接界电势，实验测定时就难以获得稳定的数值。由于电动势的测定常用于计算各种热力学变量，因此总是尽量避免使用有液体接界的电池。但是在很多情况下，还是不能避免不同电解质的接界，只能尽量减小液体接界电势。减小液体接界电势的方法是在两个溶液之间插入一个盐桥。通常用饱和氯化钾溶液加入少量琼脂配成胶体作盐桥，放在两个溶液之间，以替代原来的两个溶液直接接触（见图 2.4）。但必须注意，盐桥溶液不能与电化学体系中的溶液发生反应。例如，若被连接的溶液中含有可溶性银盐、一价汞盐或铊盐时，就不能用 KCl 溶液作盐桥。这时可用饱和硝酸铵或高浓度硝酸钾溶液作为盐桥，这些电解质溶液中阴、阳离子的离子淌度也非常接近。

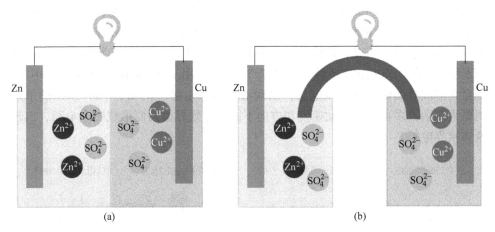

图 2.4 盐桥消除液体接界电势

（a）无盐桥；（b）有盐桥

2.1.3 金属/溶液相间电位

将金属插入溶液中，金属/溶液两相间可以通过以下三种方式自发形成相间电位，分别为过剩离子双电层、离子特性吸附和偶极分子定向排列。

2.1.3.1 过剩离子双电层

下面以锌电极（如锌片插入硫酸锌溶液）为例说明过剩离子双电层的形成过程。众所周知，金属是由金属离子和自由电子按一定的晶格形式排列组成的晶体。锌离子要脱离晶格，就必须克服晶格间的结合力，即金属键力。在金属表面的锌离子，由于键力不饱和，有吸引其他阳离子以保持与内部锌离子相同的平衡状态的趋势；同时，又比内部离子更易于脱离晶格，这就是金属表面的特点。水溶液（如硫酸锌溶液）的特点是，溶液中存在着极性很强的水分子、被水化了的锌离子和硫酸根离子等，这些离子在溶液中不停地进行着热运动。

如图 2.5 所示，当 Zn 电极浸入 ZnSO₄ 溶液时，便打破了各自原有的平衡状态。极性水分子和金属表面的锌离子相互吸引而定向排列在金属表面上；同时锌离子在水分子的吸引和不停的热运动冲击下，脱离晶格的趋势增大了，这就是所谓水分子对金属离子的“水化作用”。这样，在金属/溶液界面上，对锌离子来说，存在着两种矛盾作用：（1）金属晶格中自由电子对锌离子的静电引力。它既起着阻止表面的锌离子脱离晶格而溶解到溶液中去的作用，又促使界面附近溶液中的水化锌离子脱水化而沉积到金属表面。（2）极性水分子对锌离子的水化作用。它既促使金属表面的锌离子进入溶液，又起着阻止界面附近溶液中的水化锌离子脱水化而沉积的作用。

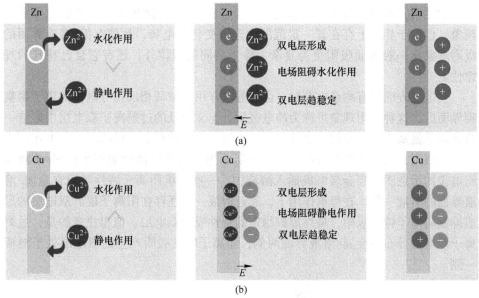

图 2.5 金属/溶液界面过剩离子双电层形成机理示意图
(a) Zn│溶液界面；(b) Cu│溶液界面

在 Zn│ZnSO₄ 溶液界面上是发生锌离子的溶解还是沉积，要看上述矛盾作用中，哪一种作用占主导地位。实验表明，对锌浸入硫酸锌溶液来说，水化作用大于静电作用。因此，界面上 Zn 水化溶解的速率大于溶液中 Zn^{2+} 去水化沉积的速率。本来金属锌和硫酸锌溶液都是电中性的，但锌离子发生溶解后（净效果），在金属上留下的电子使金属一侧带过剩负电荷，而溶液一侧因锌离子增多带过剩正电荷。随着金属/溶液两侧过剩离子双电层形成，双电层电场将阻碍水化作用，促进静电作用。当水化作用和静电作用相等时，溶解和沉积两个过程仍在进行，只不过速度相等而已。也就是说，在任一瞬间，有多少锌离子溶解到溶液中，就同时有多少锌离子沉积到金属表面上。因而，界面两侧（金属与溶液两相中）积累的剩余电荷数量不再变化，界面上的反应处于相对稳定的动态平衡之中。

$$Zn - 2e + nH_2O \Longrightarrow Zn^{2+}(H_2O)_n$$

类似地，将 Cu 电极插入 CuSO₄ 溶液中，由于初期水化作用小于静电作用，Cu^{2+} 去水化沉积速率大于 Cu 从晶格溶出的速率，因此金属一侧剩余正电荷，而溶液中剩余负电荷。在过剩离子双电层电场作用下，静电作用被抑制，水化作用得到促进，直至两种作用达到平衡，过剩电荷数量不再变化，过剩离子双电层达到平衡状态。仔细观察会发现，Cu│CuSO₄ 界面和 Zn│ZnSO₄ 界面两侧过剩电荷的符号是相反的。

2.1.3.2　离子特性吸附

分子、原子或离子在某种物质表面富集或贫乏的现象称为吸附。按照吸附作用力的性质，可分为物理吸附和化学吸附。在金属/溶液界面上同样会发生吸附现象，但由于界面上存在着一定范围内连续变化的电场，致使电极/溶液界面的吸附现象比一般界面吸附更为复杂，除了共同的规律外，还有它自己特殊的规律性。

当电极表面带有剩余电荷时，会在静电作用下使荷相反符号电荷的离子聚集到界面区，这种吸附现象可称为静电吸附，上文提及的过剩离子双电层中溶液一侧的离子就属于静电吸附。除此之外，溶液中的各种粒子还可能因非静电作用力而发生吸附，则称为特性吸附。图 2.6 所示为由离子特性吸附产生金属/溶液相间电位的示意图。当金属电极插入溶液中，一些无机阴离子特性吸附在金属/溶液界面的溶液一侧。在静电作用下，靠近溶液一侧还存在阳离子层。双电层的形成抑制阴离子特性吸附，最终形成稳定的特性吸附双电层。值得注意的是，过剩离子双电层分布在金属/溶液界面两侧，而离子特性吸附产生的双电层处于溶液一侧。

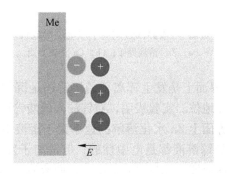

图 2.6　离子特性吸附产生金属/溶液相间电位示意图

凡是能在电极/溶液界面发生吸附而使界面张力降低的物质，都叫作表面活性物质。表面活性物质可以是溶液中的离子（如除 F^- 以外的卤素离子，以及 S^{2-} 和 $N(C_2H_9)^{4+}$ 等）、原子（如氢原子、氧原子）和分子（如多元醇、硫脲、苯胺及其衍生物等有机分子）。由于在溶液中，电极表面是"水化"了的，即吸附了一层水分子，因此，溶液中的表面活性粒子只有脱去部分水化膜，挤掉原来吸附在电极表面的水分子，才有可能与电极表面发生短程相互作用而聚集在界面。这些短程作用包括镜像力、色散力等物理作用和类似于化学键的化学作用。表面活性粒子脱水化和取代水分子的过程将使体系自由能增加，而短程相互作用将使体系自由能减少。当后者超过前者，体系总的自由能减少时，吸附作用就发生了。由此可见，表面活性物质在界面的特性吸附行为取决于电极与表面活性粒子之间、电极与溶剂分子之间、表面活性粒子与溶剂分子之间的相互作用。因此，不同的物质发生特性吸附的能力不同，同一物质在不同的电极体系中的吸附行为也不相同。

2.1.3.3 偶极分子定向排列

极性分子的正电荷中心和负电荷中心不重叠，本身就是偶极分子。在电场作用下，非极性分子的正负电荷中心分别朝相反方向运动，也会使分子发生极化，变成偶极分子。偶极分子在电场作用下将定向排列在金属/溶液界面的溶液一侧，导致类双电层的形成。偶极分子内的电场也是金属/溶液相间电位的重要组成部分。在电极/溶液界面，溶剂分子（如水分子）及一些有机化合物都可能以偶极分子形式定向排列在电极/溶液界面。偶极分子定向排列形成相间电位示意图如图 2.7 所示。

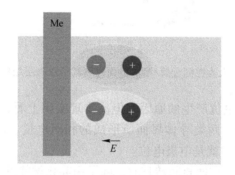

图 2.7　偶极分子定向排列形成相间电位示意图

2.1.4　电极电位

如果在相互接触的两个导体相中，一个是电子导电相，另一个是离子导电相，这个体系则称为电极体系。事实上，前面提到的金属/溶液构成的体系是最常见的电极体系。除了金属/溶液构成电极体系，金属氧化物、碳材料、导电聚合物等也可与溶液构成的电极体系。为了论述方便，本书所指电极体系默认为金属/溶液电极体系。

前面已经提到过，过剩离子双电层、离子特性吸附、偶极分子定向排列都是产生电极电位的来源。其中，过剩离子双电层是主要来源。值得注意的是，除了前面提到的自发形成金属/溶液相间电位的三种形式，在电化学装置中，更为常见的情形是我们可以人为地通过外电路给电极强行注入或抽走电子，改变电极上的剩余电荷，继而调控电极/溶液两侧的离子双电层结构，从而起到控制电极电位的作用。如图 2.8 所示，在恒流极化过程中，单位时间外电路向电极注入

n mol的电子。这些电子部分被电极反应（还原）消耗（n_2 mol），剩下的积累在电极上（n_1 mol）。电极上过剩电荷变化后，在静电作用下，溶液一侧更多的阳离子聚集过来，使得过剩离子双电层结构和电极电位发生改变。

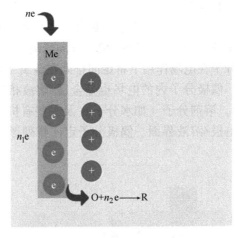

图 2.8　人为控制金属/溶液界面过剩离子双电层结构示意图

　　前面介绍了电极电位产生的原因。但从物理实质上看，电极电位是什么呢？其实，在电极体系中，两类导体界面所形成的相间电位，即电极材料和离子导体（溶液）的内电位差就是电极电位。

　　对带电粒子来说，在两相间转移时，除了引起化学能的变化外，还有随电荷转移所引起的电能变化。建立相间平衡的能量条件中就必须考虑带电粒子的电位能。因此，先来讨论一个孤立相中电荷发生变化时的能量变化，再进一步寻找带电粒子在两相间建立稳定分布的条件。

　　首先讨论将点电荷（单位正电荷）从无穷远处移入一个孤立相 M 内部所需做的功。作为最简单的例子，假设孤立相 M 是一个由良导体组成的球体，因而球体所带的电荷全部均匀分布在球面上（见图2.9）。当点电荷在无穷远处时，它同 M 相的静电作用力为零。当它从无穷远处移至距球面 $10^{-5} \sim 10^{-4}$ cm 时，可认为点电荷与球体间只有库仑力（长程力）起作用，而短程力尚未开始作用。又已知真空中任何一点的电位等于点电荷从无穷远处移至该处所做的功。所以，点电荷移至距球面 $10^{-5} \sim 10^{-4}$ cm 处所做的功 W_1，为 M 相（球体）的外电位，用 ψ 表示。

　　然后考虑点电荷越过 M 相表面层进入其内部所引起的能量变化。由于讨论的是实物相 M，而不是真空中的情况，因此这一过程要涉及两方面的能量变化：

　　（1）任意一相的表面层中，由于界面上的短程力场（范德瓦耳斯力和共价键力等）引起原子或分子偶极化并定向排列，使表面层成为一层偶极子层。点电

图 2.9　将点电荷从无穷远处移至实物相内部时所做的功

荷穿越该偶极子层所做的电功称为 M 相的表面电位 χ 。所以将一个单位正电荷从无穷远处移入 M 相所做的电功是外电位 ψ 与表面电位 χ 之和,即

$$\phi = \psi + \chi \tag{2.2}$$

式中,ϕ 为 M 相的内电位。

（2）为克服点电荷与组成 M 相的物质之间的短程力作用（化学作用）所做的化学功。

如果进入 M 相的不是点电荷,而是实际的带电粒子,那么还需要考虑带电粒子进入 M 相内部过程中带电离子的化学位的变化。这个过程所做的化学功等于该粒子在 M 相中的化学位 μ_i 。若该粒子荷电量为 n mol,将 n mol 带电粒子移入 M 相所引起的全部能量变化为:

$$\overline{\mu_i} = \mu_i + nF(\psi + \chi) \tag{2.3}$$

电化学位 $\overline{\mu_i}$ 的数值不仅取决于 M 相所带的电荷数量和分布情况,而且与该粒子及 M 相物质的化学本性有关。应当注意 $\overline{\mu_i}$ 具有能量的量纲,这与 ϕ、ψ 是不同的。

以上讨论的是一个孤立相的情况。对于两个相互接触的相来说,带电粒子在相间转移时,建立相间平衡的条件就是带电粒子在两相中的电化学位相等。同样道理,对离子的吸附、偶极子的定向排列等情形,在建立相间平衡之后,这些粒子在界面层和该相内部的电化学位也是相等的。当带电粒子在两相间的转移过程达到平衡后,就在相界面区形成一种稳定的非均匀分布,从而在界面区建立起稳定的双电层。双电层的电位差就是相间电位。

2.1.5　绝对电位和相对电位

2.1.5.1　绝对电位与相对电位的概念

从上面的讨论可以看出,电极电位就是金属（电子导电相）和溶液（离子导电相）之间的内电位差,其数值称为电极的绝对电位。然而,绝对电位是不可能测量出来的。如图 2.10 所示,为了测量 M_1 与溶液 S 的内电位差,就需要把 M_1 电极接入一个测量回路中去。图中 Ⓥ 为电位差计,其一端与 M_1 相连,而另一端却无法与水溶液直接相连,必须借助另一块插入溶液的金属（即使是导线直接插入溶液,也相当于某一金属插入了溶液）。这样,在测量回路中又出现了一个新的电极体系，记为 M_2/S。假设外围电路用的导线材质为 M_1。那么在电位差计上得到的读数 E 将包括三项内电位差，即

$$E = (\phi^{M_1} - \phi^S) + (\phi^S - \phi^{M_2}) + (\phi^{M_2} - \phi^{M_1})$$
$$= \Delta^{M_1}\phi^S + \Delta^S\phi^{M_2} + \Delta^{M_2}\phi^{M_1} \qquad (2.4)$$

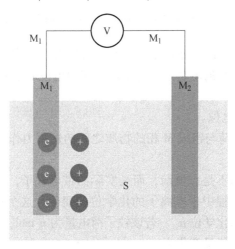

图 2.10　测量绝对电极电位示意图

本来想测量电极电位 $\Delta^{M_1}\phi^S$ 的绝对数值，但测出的却是三个相间电位的代数和。其中 $\Delta^{M_2}\phi^{M_1}$ 是金属/金属接触电位，前面已经证明过不可测量，而 $\Delta^S\phi^{M_2}$ 是引入的另一个电极电位，与 $\Delta^{M_1}\phi^S$ 同样无法直接测量出来。这就是电极的绝对电位无法测量的原因。

电极绝对电位不可测量这一事实是否意味着电极电位缺乏实际应用的价值呢？不是的。如果仔细分析一下上式，可以看到，当电极材料和温度不变时，$\Delta^{M_1}\phi^{M_2}$ 是一个恒定值，因此若能保持引入的电极电位 $\Delta^S\phi^{M_2}$ 恒定，那么采用图 2.10 的回路是可以测出被研究电极（如锌电极）相对的电极电位变化的。也就是说，如果选择一个电极电位不变的电极作基准，则可以测出：

$$\Delta E = \Delta(\Delta^{M_1}\phi^S) \qquad (2.5)$$

如果对不同电极进行测量，则测出的 ΔE 值大小顺序应与这些电极的绝对电位的大小顺序一致。以后还会看到，影响电极反应进行的方向和速度的，正是电极绝对电位的变化值 $\Delta(\Delta^{M_1}\phi^S)$，而不是绝对电位本身的数值。因此，处理电化学问题时，绝对电极电位并不重要，有用的是绝对电位的变化值。

如上所述，能作为基准的、其电极电位保持恒定的电极叫作参比电极。将参比电极与被测电极组成一个原电池回路（见图 2.10），所测出的电池端电压 E（称为原电池电动势）叫作该被测电极的相对电极电位，习惯上直接称作电极电位，用符号 φ 表示。为了说明这个相对电位是用什么参比电极测得的，一般应

在写电极电位时注明该电位相对于什么参比电极电位。实际应用的电极电位（相对电位）概念并不仅仅是指金属/溶液的内电位差，而且还包含了一部分测量回路中的金属接触电位（$\Delta^{M_1}\phi^{M_2}$）。

2.1.5.2　绝对电位符号的规定

根据绝对电位的定义，通常把溶液深处看作是距离金属/溶液界面无穷远处，认为溶液深处的电位为零，从而把金属与溶液的内电位差看成是金属相对于溶液的电位降。因此，当金属一侧带剩余负电荷（即电子）时，规定该电极绝对电位为负值，如图 2.11（a）所示。反之，当金属一侧带有剩余正电荷、溶液一侧带有剩余负电荷时，规定该电极的绝对电位 $\Delta^M\phi^S$ 为正值，如图 2.11（b）所示。

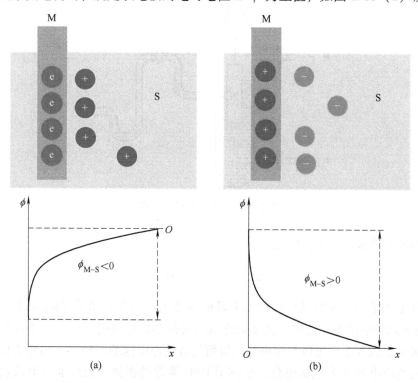

图 2.11　绝对电极电位符号的规定
（a）电极过剩电荷为负；（b）电极过剩电荷为正

2.1.5.3　标准氢电极电位和相对电位符号的规定

在实际工作中经常使用的电极电位不是单个电极的绝对电位，而是相对于某一参比电极的相对电位。电化学中最常用、最重要的参比电极是标准氢电极。图 2.12 所示为一个氢电极的结构简图。将一个金属铂片用铂丝相连，固定在玻璃管的底部形成一个铂电极，并在铂片表面镀上一层疏松的铂（铂黑），一半插入溶液，另一半露出液面。溶液中氢离子活度为1。使用时，通入压强为101325 Pa的纯净氢气，镀铂黑的铂片表面吸附氢气后，就形成了一个标准氢电极。

该电极可用下式表示：

$$Pt, H_2, (p = 101325 \text{ Pa}) \mid H^+ (a = 1)$$

式中，p 表示氢气分压；a 表示氢离子在溶液中的活度。

标准氢电极就是由气体分压为101325 Pa 的氢气（还原态）和离子活度为1的氢离子（氧化态）溶液所组成的电极体系。

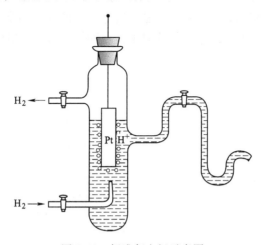

图 2.12　标准氢电极示意图

标准氢电极的电极反应是：

$$\frac{1}{2} H_2 - e \Longleftrightarrow H^+$$

在电化学中，人为规定标准氢电极的电极电位为零，用符号 $\varphi_{H_2/H^+}^{\ominus}$ 表示，上标 $\ominus$ 即表示标准状态。这样，选用标准氢电极作参比电极时，任何一个电极的相对电极电位就等于该电极与标准氢电极所组成的原电池的电动势。相对于标准氢电极的电极电位称为氢标电位。根据 IUPAC 推荐的惯例，把标准氢电极放在电池表达式的左边，作负极（阳极），发生氧化反应。把任一给定电极放在右边，作正极（阴极），发生还原反应。这样，组成原电池时，该原电池的电动势（$E = \varphi_+ - \varphi_- = \varphi_+$）就作为给定电极的电极电势，称为氢标还原电极电势，简称还原电势（默认标准氢电极作负极，待测电极为正极，进行还原反应）。为了防止发生混淆，氢标还原电极电势符号后面需依次注明氧化态与还原态，即 $\varphi_{(Ox \mid Red)}$。若该给定电极在预设的原电池进行的是还原反应（作正极），即组成的电池是自发的，则 $\varphi_{(Ox \mid Red)}$ 为正值。反之，若给定电极实际上进行的是氧化反应（作负极），与标准氢电极组成的电池是非自发的，则 $\varphi_{(Ox \mid Red)}$ 是负值。

2.2 电化学体系

如图 2.13 所示，原电池、电解池和腐蚀微电池是典型的三种电化学体系。其中，原电池是将化学能转变为电能的装置。负极自发进行氧化反应，释放电子进入外电路，电子流过负载后注入正极，并在正极参与还原反应。电解池是将电能转变为化学能的装置。外部电源提供能量，强迫从阳极抽取电子，并向阴极注入电子，进而引发电极反应。对于腐蚀微电池，电化学反应可以自发进行，但由于没有外围电路，不能对外做功，只起破坏金属的作用，电能以热能的形式耗散。

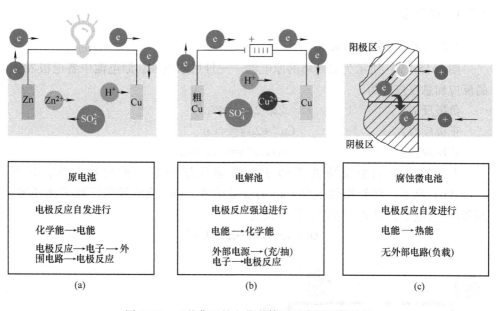

图 2.13 三种典型的电化学体系示意图及其特征
(a) 原电池；(b) 电解池；(c) 腐蚀微电池

图 2.14 对比了电化学体系、电极体系和三电极体系。电化学体系由两个电极体系、电解质溶液和外围电路组成。当然，对于有些电化学体系，如腐蚀微电池，不一定有外围电路。电极/溶液组成一个电极体系，一个电化学体系一般由 2 个电极体系组成。然而，在电化学研究过程中，常采用三电极体系。除了阴极电极体系、阳极电极体系之外，还引入了参比电极体系。参比电极与研究电极（工作电极）连接，构成相对电极电位测试回路，可以实时监测研究电极的电极电位的变化情况。

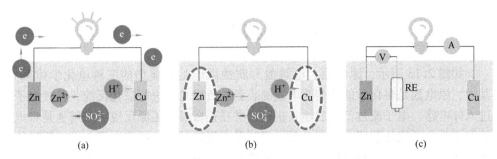

图 2.14   电化学体系、电极体系与三电极体系

（a）电化学体系；（b）电极体系；（c）三电极体系

2.2.1 原电池

2.2.1.1 原电池的定义

图 2.15（a）所示为最简单的原电池——丹尼尔电池。原电池中各电极发生的反应和总反应式为：

负极反应： $Zn - 2e \Longleftrightarrow Zn^{2+}$

正极反应： $Cu^{2+} + 2e \Longleftrightarrow Cu$

总反应式： $Zn + Cu^{2+} \Longleftrightarrow Cu + Zn^{2+}$

上述原电池的总反应式类似于在普通化学中学过的置换反应，如图 2.15（b）所示。将锌粉加入含 Cu^{2+} 的硫酸溶液，Cu^{2+} 会在锌粉颗粒表面还原，而 Zn 失去电子，以 Zn^{2+} 溶出，反应式为：

$$Zn + CuSO_4 \longrightarrow ZnSO_4 + Cu$$

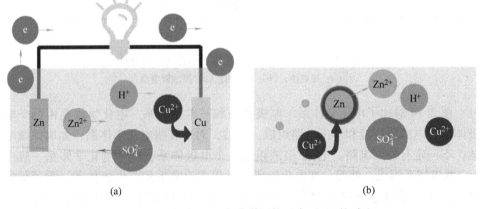

图 2.15   原电池（a）与化学置换反应（b）的对比

从化学反应式上看，丹尼尔原电池总反应和锌置换铜反应没什么差别。这表

明，两种情况下的化学反应本质是一样的，都是氧化还原反应。但是反应的结果却不一样。在普通的化学反应中，除了铜的析出和锌的溶解外，仅仅伴随有溶液温度的变化；而在原电池反应中，则伴随有电流的产生。

同一性质的化学反应，放在不同的装置中进行时为什么会产生不同的结果呢？这是因为在不同的装置中，反应进行的条件不同，因而能量的转换形式也不同。在置换反应中，锌片直接与铜离子接触，锌原子和铜离子在同一地点、同一时刻直接交换电荷，完成氧化还原反应。反应前后，物质的组成改变了，因此体系的总能量发生变化，这一能量变化以热能的形式放出。

而在原电池中，锌的溶解（氧化反应）和铜的析出（还原反应）是分别在不同的地点——阳极和阴极上进行的电荷转移（即得失电子），要通过外线路中自由电子的流动和溶液中离子的迁移才得以实现。这样，电池反应所引起的化学能变化成为载流子传递的动力并转化为可以做电功的电能。

由此可见，原电池区别于普通氧化还原反应的基本特征就是能通过电池反应将化学能转变为电能。所以原电池实际上是一种可以进行能量转换的电化学装置。为了方便表述一个原电池，有必要采用一些大家都能理解的符号和写法。本书采用一般的惯例：

（1）写在左边的电极进行氧化反应，为负极；写在右边的电极进行还原反应，为正极。

（2）用单垂线"|"表示不同物相的界面，有界面电势存在。这界面包括电极与溶液界面，电极与气体的界面，两种固体之间的界面，一种溶液与另一种溶液的界面，或溶质相同，但浓度不同的溶液之间的界面等。

（3）用双垂线"‖"表示盐桥，表示溶液与溶液之间的接界电势通过盐桥已经降低到可以忽略不计。

（4）要注明温度和压强（如不写明，一般指 298.15 K 和标准压强 $p^{\ominus}$）。要标明电极的物态，若是气体要注明压强和依附的不活泼金属，对电解质溶液要注明活度（因为这些都会影响电池的电动势）。

（5）整个电池的电动势等于右边正极的还原电极电势减去左边负极的还原电极电势。另外，在书写电极和电池反应时必须遵守物量和电荷量平衡。

$$E = \varphi_+ - \varphi_- = \varphi_{右(Ox|Red)} - \varphi_{左(Ox|Red)} \qquad (2.6)$$

（6）当电池反应是自发进行时，电池电动势为正值。所以，对自发进行的电池反应，若求得的电池电动势是负值，就说明所书写的原电池表达式中，对正极和负极的判断是错误的。

2.2.1.2 电池的可逆性

要构成可逆电池，其电极反应必须是可逆的。这里的可逆两字应按照热力学上的可逆的概念来理解，因此，可逆电池必须满足下面两个条件，缺一不可：

(1) 电极上的化学反应可向正、反两个方向进行。若将电池与一外加电动势 $E_{外}$ 并联，当电池的 E 稍大于 $E_{外}$ 时，电池仍将通过化学反应而放电。当 $E_{外}$ 稍大于电池的 E 时，电池成为电解池，电池将获得外界电源的电能而被充电。电池中的化学变化是可逆的，即物质的变化是可逆的，这就是说，电池在工作过程（放电过程）所发生的物质变化，在通以反向电流（充电过程）时，有重新恢复原状的可能性。例如，常用的铅酸蓄电池的放电和充电过程恰好是互逆的化学反应，即

$$PbO_2 + Pb + 2H_2SO_4 \underset{放电}{\overset{充电}{\rightleftharpoons}} 2PbSO_4 + 2H_2O$$

而将金属锌和铜一起插入硫酸溶液所组成的电池就不具备可逆性。其放电反应为：

$$Zn + H_2SO_4 \longrightarrow ZnSO_4 + H_2$$

充电反应则为：

$$Cu + H_2SO_4 \longrightarrow CuSO_4 + H_2$$

放电时，锌电极是阳极；充电时，铜电极是阳极。由于所发生的电池反应不同，因此经过放电、充电这样一个循环之后，电池中的物质变化不可能恢复原状。

(2) 可逆电池在工作时，不论是充电或放电，所通过的电流必须十分微小，电池是在接近平衡状态下工作的。此时，若作为原电池它能做出最大的有用功；若作为电解池，它消耗的电能最小。换言之，如果设想能把电池放电时所放出的能量全部存储起来，则用这些能量充电，恰好可以使系统和环境都恢复到原来的状态，即能量的转移也是可逆的。

满足上述条件的电池则称为可逆电池。总的来说，可逆电池一方面要求电池在作为原电池或电解池时总反应必须是可逆的，另一个方面要求电极上的反应（无论是正向还是反向），都是在平衡的情况下进行的，即电流应该是无限小的。

实际上，电池在放电过程中，只要有可察觉的电流产生，电池两端的电压就会下降；而在充电时，外加电压必须提高一些，才能有电流通过。可见，只要电池中的化学反应以可察觉的速度进行，则充电时外界对电池所做的电功总是大于放电时电池对外界所做的电功。这样，经过放电—充电的循环之后，正逆过程的电功不能相互抵消，外界环境恢复不了原状。其中，有一部分电能在充电时消耗于电池内阻而转化为热能，在放电时这些热能无法再转化为电能或化学能了。

那么，在什么情况下，电池中的能量转换过程才是热力学的可逆过程呢？只有当电流为无限小时，放电过程和充电过程都在同一电压（这时电池的端电压等于原电池电动势，由于电流无限小，电池内阻上的压降也无限小）下进行，正逆过程所做的电功可以相互抵消，外界环境能够复原，显然，这样一种过程的变化

速度是无限缓慢的，电池反应始终在接近平衡的状态下进行。由此可见，电池的热力学可逆过程是一种理想过程。在实际工作中，只能达到近似的可逆过程。所以，严格地讲，实际使用的电池都是不可逆的，可逆电池只是在一定条件下的特殊状态。这也正反映了热力学的局限性。

2.2.1.3 原电池电动势

使化学能转变为电能的装置称为原电池，也简称为电池。若能量转变过程是以热力学可逆方式进行的，则称为可逆电池。此时，电池是在平衡态或无限接近于平衡态的情况下工作的。因此，在等温、等压条件下，当系统发生变化时，系统吉布斯自由能的减少等于对外所做的最大非膨胀功，用公式表示为：

$$(\Delta_r G)_{T,p} = W_{f,\max} \tag{2.7}$$

如果非膨胀功只有电功（本书只讨论这种情况），则上式又可以写为：

$$(\Delta_r G)_{T,p} = -nFE \tag{2.8}$$

式中，n 为电池中电极反应转移的电荷的物质的量，mol；E 为可逆电池的电动势，V；F 为 Faraday 常数。

如果可逆电动势为 E 的电池按电池反应式，当反应进度 $\varepsilon = 1$ mol 时的吉布斯自由能的变化值（J/mol）可表示为：

$$(\Delta_r G_m)_{T,p} = \frac{-nFE}{\varepsilon} = -zFE \tag{2.9}$$

式中，z 为按所写的电极反应，在反应进度为 1 mol 时，反应式中电子的计量系数，其单位为 1。

显然，当电池中的化学能以不可逆的方式转变成电能时，两电极间的不可逆电势差一定小于可逆电动势 E。

式（2.9）为联系化学热力学和电化学热力学的桥梁，可通过可逆电池电动势的测定等方法求得反应的 $\Delta_r G_m$，并进而解决热力学问题，也揭示了化学能转变为电能的最高限度，为改善电池性能或研制新的化学电源提供了理论依据。

在 1889 年，Nernst（能斯特，1864—1941 年，德国人）提出了电动势 E 与电极反应各组分活度的关系方程，即能斯特方程。它反映了电池的电动势与参加反应的各组分的性质、浓度、温度等的关系。根据电化学中的一些实验测定值，通过化学热力学中的一些基本公式，可以较精确地计算 $\Delta_r G_m$、$\Delta_r S_m$、$\Delta_r H_m$ 等热力学函数的变化值，还可以求得电池中化学反应的热力学平衡常数值。Nernst 方程实际上是给出了化学能与电能的转换关系。

举下面的单液电池为例：

$$Zn \mid ZnSO_4, (a_{Zn^{2+}}) \parallel CuSO_4, (a_{Cu^{2+}}) \mid Cu$$

此电池的电极反应为

负极，氧化 $\qquad\qquad$ $Zn \Longrightarrow Zn^{2+} + 2e$

正极，还原　　　　　　　　　$2Cu^{2+} + 2e \Longleftrightarrow Cu$

电池总反应　　　　　　　　　$Zn + Cu^{2+} \Longleftrightarrow Cu + Zn^{2+}$

根据化学反应平衡等温式，体系自由能的变化 ΔG 应为

$$\Delta G = \Delta G^{\ominus} + RT\ln\frac{a_{Cu}a_{Zn^{2+}}}{a_{Zn}a_{Cu^{2+}}} \tag{2.10}$$

因为

$$\Delta G = -nFE \tag{2.11}$$

所以

$$E = E^{\ominus} - \frac{RT}{nF}\ln\frac{a_{Cu}a_{Zn^{2+}}}{a_{Zn}a_{Cu^{2+}}} \tag{2.12}$$

式中，$E^{\ominus}$ 为所有参加反应的组分都处于标准状态时的电动势；n 为电极反应中电子的计量系数，在本例中 $n=2$。

当设计纯液体或固态纯物质时，其活度为 1，当涉及气体时，若气体可看作理想气体，则 $a = p/p^{\ominus}$。

对于反应式 $cC+dD \Longleftrightarrow gG+hH$，将式（2.12）写成通式，则为

$$E = E_0 - \frac{RT}{nF}\ln\frac{a_G^g a_H^h}{a_C^c a_D^d} \tag{2.13}$$

2.2.2　电解池

由两个电子导体插入电解质溶液所组成的电化学体系和一个直流电源接通时，外电源将源源不断地向该电池体系输送电流，而体系中的两个电极上分别持续地发生氧化反应和还原反应，生成新的物质。这种将电能转化为化学能的电化学体系就叫作电解电池或电解池。

如果选择适当的电极材料和电解质溶液，就可以通过电解池生产人们所预期的物质。如图 2.16 所示，将铁片和锌片分别浸入 $ZnSO_4$ 溶液中组成一个电解池，与外电源接通后，由电源负极输送过来的电子流入铁电极，溶液中的 Zn^{2+} 在铁电极上得到电子，还原成锌原子并沉积在铁上。即

$$Zn^{2+}+2e \Longleftrightarrow Zn(Fe)$$

而与电源正极相连的金属锌却不断溶解生成了锌离子，锌失去的电子从电极中流向外线路。即

$$Zn(Zn) \longrightarrow Zn^{2+}+2e$$

这实际上是一个镀锌的电镀过程，人们可以在铁件上获得镀锌层。

由此可见，电解池是依靠外电源迫使一定的电化学反应发生并生成新的物质的装置，也可以称作"电化学物质发生器"。没有这样一种装置，电镀、电解、电合成和电冶金等工业过程便无法实现。所以，它是电化学工业的核心——电化学工业的"反应器"。

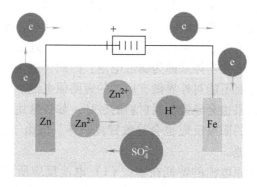

图 2.16　铁件表面镀锌电解池工作示意图

比较图 2.13 中的电解池和原电池示意图，可以看出电解池和原电池的主要异同之处。电解池和原电池是具有类似结构的电化学体系。当电池反应进行时，都是在阴极上发生得电子的还原反应，在阳极上发生失电子的氧化反应。但是它们进行反应的方向是不同的。在原电池中，反应是向自发方向进行的，体系自由能变化 $\Delta G < 0$，化学反应的结果是产生可以对外做功的电能。电解池中，电池反应是被动进行的，需要从外界输入能量促使化学反应发生，因此体系自由能变化 $\Delta G > 0$。所以，从能量转化的方向看，电解池与原电池中进行的恰恰是互逆的过程。在回路中，原电池可作电源，而电解池是消耗能量的负载。

由于能量转化方向不相同，在电解池中，习惯性称两个电极分别为阴极和阳极，阴极是负极（与外部电源负极相连），阳极是正极（与外部电源正极相连）。在原电池中，习惯性称两个电极分别为负极和正极，正极是阴极（发生还原反应），负极是阳极（发生氧化反应），与电解池恰好相反。这一点，需特别注意区分，切勿混淆。

2.2.3　腐蚀电池

如图 2.13（c）所示，假如两个电极构成短路的电化学体系，则失电子反应（氧化）在电子导体的一个局部区域（阳极区）发生；而得电子反应（还原）在另一个局部区域（阴极区）发生。通过电解液中离子的定向运动和在电子导体内部阴、阳极区之间的电子流动，就构成了一个闭合回路。这一反应过程和原电池一样是自发进行的。

但是，由于电池体系是短路的，电化学反应所释放的化学能虽然转化成了电能，但无法加以利用，即不能对外作有用功，最终仍转化为热能而散失掉。因此，这种电化学体系不能成为能量发生器。然而，在该体系中，由于存在电化学反应，必然存在着物质的损耗。含有杂质的锌在稀酸中就构成了这类短路电池；

在微小的杂质区域上发生氢离子的还原，生成氢气逸出；而在其他区域，则发生锌的溶解。通过金属锌中电子的流动和溶液中的离子迁移，整个体系的电化学反应将持续不断地进行下去，结果造成了锌的腐蚀溶解。这就是锌的酸腐蚀过程。

将上述的短路的电化学体系称为腐蚀电池。因此，腐蚀电池可以定义为：只能导致金属材料破坏而不能对外界做有用功的短路原电池。应该说明，有些原电池中，电池反应的结果也会导致金属材料的破坏。如日常用的锌锰干电池，使用的时间长了，电池中的阳极反应也会导致锌皮破坏。但由于它可以对外做电功，因此不能称作腐蚀电池。

腐蚀电池区别于原电池的特征在于：（1）电池反应所释放的化学能都以热能形式逸散掉而不能加以利用，因此腐蚀电池是耗费能量的。（2）电池反应促使物质变化的结果不是生成有价值的产物，而是导致体系本身的毁坏。有关腐蚀电池和电化学腐蚀的理论，将在金属腐蚀学课程中学习，本书不再赘述。

2.3　平衡电极电位

2.3.1　电极的可逆性

前面已经介绍了电池的可逆性，构成可逆电池的电极也必须是可逆电极。什么样的电极才是可逆电极呢？可逆电极必须具备下面两个条件；

（1）电极反应是可逆的。如 $Zn \mid ZnCl$ 电极体系，其电极反应为

$$Zn^{2+} + 2e \Longrightarrow Zn$$

只有正向反应和逆向反应的速度相等时，电极反应中物质的交换和电荷的交换才是平衡的。即在任一瞬间，氧化溶出的锌原子数等于还原沉积的锌离子数；正向反应得到的电子数等于逆向反应失去的电子数。这样的电极反应称为可逆的电极反应。

（2）电极在平衡条件下工作。所谓平衡条件就是通过电极的电流等于零或电流无限小。只有在这种条件下，电极上进行的氧化反应和还原反应速度才能被认为是相等的。所以，可逆电极就是在平衡条件下工作的、电荷交换与物质交换都处于平衡的电极。可逆电极也就是平衡电极。

2.3.2　可逆电极的电位

可逆电极的电位，也称作平衡电位或平衡电极电位。任何一个平衡电位都是相对于一定的电极反应而言的，例如，金属锌与含锌离子的溶液所组成的电极 $Zn \mid Zn^{2+}(a)$ 是一个可逆电极。它的平衡电位是与下列确定的电极反应相联系的。也可以说该平衡电位就是下列反应的平衡电位，即

$$Zn^{2+} + 2e \Longrightarrow Zn$$

通常以符号 $\varphi_\text{平}$ 表示某一电极的平衡电位。可逆电极的氢标还原电极电位可以用热力学方法计算。现仍以上述锌电极为例,推导平衡电位的热力学计算公式。设被测电极与标准氢电极组成原电池(根据 IUPAC 推荐的惯例,把标准氢电极放在电池表示式的左侧,作负极(阳极),发生氧化反应。)

$$(-)\text{Pt} \,|\, \text{H}_2(p_{\text{H}_2} = 101325 \text{ Pa}) \,|\, \text{H}^+(a_{\text{H}^+} = 1) \,\|\, \text{Zn}^{2+}(a_{\text{Zn}^{2+}} = 1) \,|\, \text{Zn(s)}(+)$$

负极反应 $\qquad\qquad\qquad \text{H}_2 - 2\text{e} \Longleftrightarrow 2\text{H}^+$

正极反应 $\qquad\qquad\qquad \text{Zn}^{2+} + 2\text{e} \Longleftrightarrow \text{Zn}$

电池总反应 $\qquad\qquad \text{H}_2 + \text{Zn}^{2+} \Longleftrightarrow 2\text{H}^+ + \text{Zn}$

若电池是可逆的(电池在平衡条件 $(j \to 0)$ 下工作),则根据原电池电动势的能斯特方程式,该电池的电动势为

$$E = E^\ominus - \frac{RT}{2F}\ln \frac{a_{\text{Zn}} a_{\text{H}^+}^2}{a_{\text{Zn}^{2+}} p_{\text{H}_2}/p^\ominus} \tag{2.14}$$

按照原电池的书写规定,左边电极为负极,右边电极为正极,以及在实际测量中金属接触电位已包括在两个电极的相对电极电位之中了。因此,在消除了液界电位后应有

$$E = \varphi_+ - \varphi_- \tag{2.15}$$
$$E^\ominus = \varphi_+^\ominus - \varphi_-^\ominus \tag{2.16}$$

所以,式(2.14)可写成

$$E = (\varphi_{\text{H}^+/\text{H}_2}^\ominus - \varphi_{\text{Zn}^{2+}/\text{Zn}}^\ominus) + \left(\frac{RT}{2F}\ln \frac{p_{\text{H}_2}/p^\ominus}{a_{\text{H}^+}^2} + \frac{RT}{2F}\ln \frac{a_{\text{Zn}^{2+}}}{a_{\text{Zn}}}\right)$$

$$= \left(\varphi_{\text{H}^+/\text{H}_2}^\ominus + \frac{RT}{2F}\ln \frac{a_{\text{H}^+}^2}{p_{\text{H}_2}/p^\ominus}\right) + \left(\varphi_{\text{Zn}^{2+}/\text{Zn}}^\ominus + \frac{RT}{2F}\ln \frac{a_{\text{Zn}^{2+}}}{a_{\text{Zn}}}\right) \tag{2.17}$$

对于标准氢电极,在标准条件下,$\varphi_{\text{H}^+/\text{H}_2} = \varphi_{\text{H}^+/\text{H}_2}^\ominus = 0$,所以上式中第一项应为零。根据相对电位(氢标电位)的定义和符号规定,锌电极的氢标电位 $\varphi_{\text{Zn}^{2+}/\text{Zn}}$ 应等于所测得的电动势 E。即

$$\varphi_{\text{Zn}^{2+}/\text{Zn}} = E = \varphi_{\text{Zn}^{2+}/\text{Zn}}^\ominus + \frac{RT}{2F}\ln \frac{a_{\text{Zn}^{2+}}}{a_{\text{Zn}}} \tag{2.18}$$

显然,氢电极电位应为

$$\varphi_{\text{H}^+/\text{H}_2} = \varphi_{\text{H}^+/\text{H}_2}^\ominus + \frac{RT}{2F}\ln \frac{a_{\text{H}^+}^2}{p_{\text{H}_2}/p^\ominus} \tag{2.19}$$

由此可见,知道了标准状态下的锌电极电位 $\varphi_{\text{Zn}^{2+}/\text{Zn}}^\ominus$,就可以根据参加电极反应的各物质的活度,利用式(2.18)计算锌电极的平衡电位。如果氢电极不是标准氢电极,同理,也可按式(2.19)计算它的平衡电位。

一般情况下,可用下式表示一个电极反应(由于 $\varphi^\ominus$ 都是相对标准氢电极电

位的，且以标准氢电极为负极。因此，在写反应式时，电极反应统一写成正极反应形式，即还原反应）：

$$O + ne \Longleftrightarrow R$$

故可将式（2.18）和式（2.19）写成通式，即

$$\varphi_{\text{平}} = \varphi^{\ominus} + \frac{RT}{nF}\ln\frac{a_O}{a_R} \qquad (2.20)$$

或写为

$$\varphi_{\text{平}} = \varphi^{\ominus} + \frac{RT}{nF}\ln\frac{a_{\text{氧化态}}}{a_{\text{还原态}}} \qquad (2.21)$$

式中，$\varphi^{\ominus}$ 为标准状态下的平衡电位，叫作该电极的标准电极电位，对一定的电极体系，$\varphi^{\ominus}$ 为一个常数，可以查表得到；n 为参加反应的电子数。

式（2.20）和式（2.21）就是著名的电极反应的能斯特公式，是热力学中计算各种可逆电极电位的公式。值得注意的是，式（2.20）和式（2.21）中的 a_O、a_R 不仅指氧化态物质、还原态物质，还包括反应式中与氧化态（或还原态）在同一侧的其他物质的活度，而且某种物质化学计量数不为 1 时，其活度需要加上指数（化学计量数）。

2.3.3　电极电位的测量

电极电位的测量实际上就是待测电极与参比电极组成的原电池电动势的测量。因此，此处不再赘述其测量原理。如果使用标准氢电极作参比电极，并作为原电池的负极，则测出的电动势就是被测电极的氢标电位。但是，由于标准氢电极的制备和使用都比较麻烦，因此在实际工作中经常选用其他参比电极。例如常用的饱和甘汞电极，其电极组成为

$$\text{Hg} \mid \text{Hg}_2\text{Cl}_2(\text{s}), \text{KCl(sat)}$$

电极反应为

$$\text{Hg}_2\text{Cl}_2 + 2e \Longleftrightarrow 2\text{Hg} + 2\text{Cl}^-$$

氢标电位为

$$\varphi_R = 0.244 \text{ V}$$

当被测电极与参比电极组成原电池时，参比电极作电池的正极（阴极）时，有

$$E = \varphi_R - \varphi$$
$$\varphi = \varphi_R - E$$

若参比电极作电池的负极（阳极）时，有

$$E = \varphi - \varphi_R$$
$$\varphi = \varphi_R + E$$

式中，φ 为被测电极的氢标电位；φ_R 为参比电极的氢标电位。

2.3.4 可逆电极类型

可逆电极按其电极反应特点可分为不同类型。常见的可逆电极有以下几种。

2.3.4.1 第一类可逆电极

第一类可逆电极又称阳离子可逆电极。这类电极是金属浸在含有该金属离子的可溶性盐溶液中所组成的电极。例如 $Zn|ZnSO_4$、$Cu|CuSO_4$、$Ag|AgNO_3$ 等电极都属于第一类可逆电极。它们的主要特点是：进行电极反应时，金属阳离子从电极上溶解到溶液中或从溶液中沉积到电极上。例如 $Ag|AgNO_3(a_{Ag^+})$ 电极的电极反应为：

$$Ag^+ + e \Longrightarrow Ag$$

电极电位方程式为

$$\varphi_{\text{平}} = \varphi^{\ominus} + \frac{RT}{F}\ln a_{Ag^+} \tag{2.22}$$

显然，第一类可逆电极的平衡电位和金属离子的种类、活度和介质的温度有关。

2.3.4.2 第二类可逆电极

第二类可逆电极又称为阴离子可逆电极。这类电极是由金属|金属难溶盐浸入与该难溶盐具有相同阴离子的可溶性盐溶液中所组成的电极。

例如 $Hg|Hg_2Cl_2(s)$，$KCl(a_{Cl^-})$，$Ag|AgCl(s)$，$KCl(a_{Cl^-})$；$Pb|PbSO_4(s)$，$SO_4^{2-}(a_{SO_4^{2-}})$ 等等。这类电极的特点是：如果难溶盐是氯化物，则溶液中就应含有可溶性氯化物；难溶盐是硫酸盐，就应有一种可溶性硫酸盐。在进行电极反应时，阴离子在界面间进行溶解和沉积（生成难溶盐）的反应。

例如，氯化银电极 $Ag|AgCl(s)$，$KCl(a_{Cl^-})$ 的电极反应为

$$AgCl + e \Longrightarrow Ag + Cl^-$$

电极电位计算式为

$$\varphi_{\text{平}} = \varphi^{\ominus} - \frac{RT}{F}\ln a_{Cl^-} \tag{2.23}$$

这类电极的平衡电位是由阴离子种类、活度和反应温度来决定的。但是应该指出，在这类电极的电极反应中，进行可逆的氧化还原反应的仍是金属离子（如 Ag^+）而不是阴离子（如 Cl^-）。仅仅因为表观上，在固/液界面上进行溶解和沉积的是阴离子，因而习惯地称这类电极为阴离子可逆电极。现在，已有较多的学者直接称第二类可逆电极为金属难溶盐（难溶性氧化物）电极。

既然电极反应中实质上是阳离子可逆，那么平衡电位的大小应与阳离子活度（如 a_{Ag^+}）有关，而不是与阴离子活度（如 a_{Cl^-}）有关，为什么还会出现

式（2.23）呢？这是因为 AgCl 是固态的难溶盐，无法直接测得 a_{Ag^+} 的数值，只能通过 a_{Cl^-} 来计算求得。因此，为了计算方便，往往从已知的 a_{Cl^-} 值求电极电位值，也就是采用式（2.23）计算电极电位。

另一形式的电极电位公式则是按照金属离子的活度来计算的。即氯化银电极的电极反应可分写成两步：

（A） $\qquad\qquad\qquad AgCl(s) \Longleftrightarrow Ag^+ + Cl^-$

（B） $\qquad\qquad\qquad Ag^+ + e \Longleftrightarrow Ag$

按照步骤（B）可得出

$$\varphi_{平} = \varphi^{\ominus}_{Ag+/Ag} + \frac{RT}{F}\ln a_{Ag^+} \qquad\qquad (2.24)$$

这实质上是一个第一类可逆电极反应。由步骤（A）又知 Ag^+ 和 Cl^- 生成了难溶盐 AgCl。该难溶盐的溶度积 K_S（其数值可查表得到）为

$$K_S = a_{Ag^+} a_{Cl^-} \qquad\qquad (2.25)$$

因此得到

$$a_{Ag^+} = \frac{K_S}{a_{Cl^-}} \qquad\qquad (2.26)$$

将此关系代入式（2.24），可得

$$\varphi_{平} = \varphi^{\ominus}_{Ag+/Ag} + \frac{RT}{F}\ln K_S - \frac{RT}{F}\ln a_{Cl^-} \qquad\qquad (2.27)$$

因为步骤（A）不是电化学反应（不得失电子），所以式（2.27）中的平衡电位 $\varphi_{平}$ 就是氯化银电极的平衡电位，即与式（2.23）中的 $\varphi_{平}$ 是一回事。因而将式（2.23）与式（2.27）对比后可知

$$\varphi^{\ominus}_{AgCl/Ag} = \varphi^{\ominus}_{Ag+/Ag} + \frac{RT}{F}\ln K_S \qquad\qquad (2.28)$$

应该注意，式（2.28）中 $\varphi^{\ominus}_{AgCl/Ag}$ 与 $\varphi^{\ominus}_{Ag+/Ag}$ 虽然都是标准电极电位，但它们是针对不同的电极反应而言的，因而具有不同的数值。

从上面的讨论可知，尽管第二类可逆电极本质上是对阳离子可逆的，但因为阳离子的活度受到阴离子活度的制约，所以该类电极的平衡电位仍然依赖于阴离子的活度。第二类可逆电极由于可逆性好、平衡电位值稳定，电极制备比较简单，因而常被当作参比电极使用。

2.3.4.3　第三类可逆电极

第三类可逆电极是由铂或其他惰性金属插入同一元素的两种不同价态离子的溶液中所组成的电极。例如 $Pt\,|\,Fe^{2+}(a_{Fe^{2+}})$，$Fe^{3+}(a_{Fe^{3+}})$；$Pt\,|\,Sn^{2+}(a_{Sn^{2+}})$，$Sn^{4+}(a_{Sn^{4+}})$；$Pt\,|\,Fe(CN)_6^{4-}(a_1)$，$Fe(CF)_6^{6-}(a_2)$ 等电极。

在这类电极的组成中，惰性金属本身不参加电极反应，只起导电作用。电极反应由溶液中同一元素的两种价态的离子之间进行氧化还原反应来完成。因此这类可逆电极又称为氧化还原电极。例如，$Pt \mid Fe^{2+}(a_{Fe^{2+}})$，$Fe^{3+}(a_{Fe^{3+}})$ 电极反应为：

$$Fe^{3+} + e \Longrightarrow Fe^{2+}$$

电极电位方程式为：

$$\varphi_{\text{平}} = \varphi^{\ominus} + \frac{RT}{F} \ln \frac{a_{Fe^{3+}}}{a_{Fe^{2+}}} \qquad (2.29)$$

第三类可逆电极电位的大小主要取决于溶液中两种价态离子的活度之比。

2.3.4.4 气体电极

因为气体在常温常压下不导电，所以须借助于铂或其他惰性金属起导电作用，使气体吸附在惰性金属表面，与溶液中相应的离子进行氧化还原反应并达到平衡状态。因此气体可逆电极就是在固相和液相界面上，气态物质发生氧化还原反应的电极。例如氢电极

$$Pt, H_2(p_{H_2}) \mid H^+(a_{H^+})$$

电极反应为

$$2H^+ + 2e \Longrightarrow H_2(\text{气})$$

电极电位方程式为

$$\varphi_{\text{平}} = \varphi^{\ominus} + \frac{RT}{2F} \ln \frac{a_{H^+}^2}{p_{H_2}/p^{\ominus}} \qquad (2.30)$$

又如氧电极 $Pt, O_2(p_{O_2}) \mid OH^-(a_{OH^-})$。它是由铂浸在被氧气所饱和的、含有氢氧根的溶液中所组成的。其电极反应为

$$O_2 + 2H_2O + 4e \Longrightarrow 4OH^-$$

电极电位方程式为

$$\varphi_{\text{平}} = \varphi^{\ominus} + \frac{RT}{4F} \ln \frac{p_{O_2}/p^{\ominus}}{a_{OH^-}^4} \qquad (2.31)$$

2.3.5 标准电极电位和标准电化序

从能斯特方程式的推导中，可以知道标准电极电位是标准状态下的平衡电位。除了标准氢电极电位被人为规定为零外，其他电极的标准电极电位通常都用氢标电位表示。可以把各种电极反应的标准电极电位按数值的大小依次排成次序表，这种表称为标准电化序或标准电位序（见表2.1），表中的电极电位是从负到正排列的，而标准氢电极电位正好处于正、负值交界处。

表 2.1　在 298 K 和标准压力（$p^{\ominus}=100$ kPa）下，一些电极的标准（氢标还原）电极电势 $\varphi^{\ominus}$

电极还原反应	$\varphi^{\ominus}/V$	电极还原反应	$\varphi^{\ominus}/V$
$Li^{+}+e \Longrightarrow Li$	-3.05	$Pb^{2+}+2e \Longrightarrow Pb$	-0.13
$K^{+}+e \Longrightarrow K$	-2.93	$Fe^{3+}+3e \Longrightarrow Fe$	-0.04
$Cs^{+}+e \Longrightarrow Cs$	-2.92	$2H^{+}+2e \Longrightarrow H_2$	0
$Na^{+}+e \Longrightarrow Na$	-2.71	$Ti^{4+}+e \Longrightarrow Ti^{3+}$	0
$La^{3+}+3e \Longrightarrow La$	-2.52	$Sn^{4+}+2e \Longrightarrow Sn^{2+}$	$+0.15$
$Ce^{3+}+3e \Longrightarrow Ce$	-2.48	$Cu^{2+}+e \Longrightarrow Cu^{+}$	$+0.16$
$Al^{3+}+3e \Longrightarrow Al$	-1.66	$AgCl+e \Longrightarrow Ag+Cl^{-}$	$+0.22$
$Mn^{2+}+2e \Longrightarrow Mn$	-1.18	$Hg_2Cl_2+2e \Longrightarrow 2Hg+2Cl^{-}$	$+0.27$
$Zn^{2+}+2e \Longrightarrow Zn$	-0.76	$O_2+2H_2O+4e \Longrightarrow 4OH^{-}$	$+0.40$
$U^{4+}+e \Longrightarrow U^{3+}$	-0.61	$Cu^{+}+e \Longrightarrow Cu$	$+0.52$
$In^{3+}+e \Longrightarrow In^{2+}$	-0.49	$I_2+2e \Longrightarrow 2I^{-}$	$+0.54$
$In^{2+}+e \Longrightarrow In^{+}$	-0.44	$Hg_2SO_4+2e \Longrightarrow Hg+SO_4^{2-}$	0.62
$Fe^{2+}+2e \Longrightarrow Fe$	-0.44	$Fe^{3+}+e \Longrightarrow Fe^{2+}$	$+0.77$
$Cr^{3+}+e \Longrightarrow Cr^{2+}$	-0.41	$Hg_2^{2+}+2e \Longrightarrow 2Hg$	$+0.79$
$PbSO_4+2e \Longrightarrow Pb+SO_4^{2-}$	-0.36	$Ag^{+}+e \Longrightarrow Ag$	$+0.80$

　　标准电极电位的正负反映了电极在进行电极反应时，相对于标准氢电极的得失电子的能力。电极电位越负，低价态物质越容易失电子；电极电位越正，高价态物质越容易得电子。电极反应和电池反应实质上都是氧化还原反应，因此，标准电化序也反映了某一电极相对于另一电极的氧化还原能力的大小。电极电位较负的低价态物质（金属或离子）是较强的还原剂，电极电位较正的高价态物质（金属离子、化合物或酸根离子）是较强的氧化剂。

　　鉴于许多标准电极电位的数值已被精确测定，比较容易从有关资料中查阅到，因此借助于标准电极电位来分析各种氧化还原反应，可以找到一些解决问题的方法和途径。所以，标准电化序就成了一种分析氧化还原反应的热力学可能性的有力工具。

　　下面简单介绍标准电极电位在腐蚀与防护领域中的一些应用。

　　（1）标准电化序在一定条件下反映了金属的活泼性。标准电极电位较负的金属容易失去电子，是活泼金属；而标准电极电位较正的金属不易失去电子，是不活泼金属。因此，根据标准电化序可以粗略判断金属发生腐蚀的热力学可能性。电位越负，金属腐蚀的可能性越大。例如，锌和铁的标准电极电位较负（$\varphi^{\ominus}_{Zn/Zn^{2+}}=-0.763$ V，$\varphi^{\ominus}_{Fe/Fe^{2+}}=-0.440$ V），它们在空气中和稀酸中都比较容易被腐蚀。而银和金的标准电极电位较正（$\varphi^{\ominus}_{Ag/Ag^{+}}=+0.799$ V，$\varphi^{\ominus}_{Au/Au^{+}}=+1.68$ V），它们就不容易和稀酸发生反应，也不易在空气中被腐蚀。但是应指出，不能单纯根据标准电位来估计金属的耐蚀性，例如，铝的标准电极电位虽然很负（$\varphi_{Al/Al^{3+}}^{\ominus} = -1.66$ V），但由于铝表面极易生成一层氧化物膜，因此在空气中比铁更耐腐蚀。

（2）当两种或两种以上金属接触并有电解液存在时，可根据标准电化序初步估计哪种金属被加速腐蚀，哪种金属被保护。例如，铁与镁相接触，在有电解质溶液存在时就构成了腐蚀电池。因为铁的标准电极电位较正，成为腐蚀电池的阴极，不会发生腐蚀；而镁的标准电极电位较负，将作为腐蚀电池的阳极而发生腐蚀溶解。

（3）标准电化序指出了金属离子（包括氢离子）在水溶液中的置换次序。由于置换反应本质上也是氧化还原反应，因此可以用标准电化序对金属离子的置换次序做出估计。在简单盐的水溶液中，金属元素可以置换比它的标准电极电位更正的金属离子，例如：

$$Cu + Hg^{2+} = Cu^{2+} + Hg$$
$$Fe + 2Ag^{+} = Fe^{2+} + 2Ag$$

标准电位为负值的金属可以置换氢离子而析出氢气，但标准电位为正值的金属则不能与氢离子发生反应，例如：

$$Zn + 2H^{+} = Zn^{2+} + H_2$$
$$Cu + 2H^{+} = Cu^{2+} + H_2$$

金属间的置换反应在电化学生产中常常需要加以防止或利用。例如，当铜件表面镀银时，若铜件直接浸入电镀槽，则由于反应 $Cu + 2Ag^{+} \rightarrow Cu^{2+} + 2Ag$，将在零件表面生成一层疏松的结合力很差的"接触银"，影响镀层质量。所以通常在电镀前，先将铜件置入浸汞液中，通过反应 $Cu + HgCl_2 \rightarrow Hg(Cu) + CuCl_2$，在钢表面生成一层铜汞齐，使电极电位变正，电镀时就可以避免"接触银"的发生。

（4）可以利用标准电化序初步估计电解过程中，溶液里的各种金属离子（包括氢离子）在阴极析出的先后顺序。电解过程中，在阴极优先析出的金属离子应是标准电极电位较正，因而容易得电子的金属离子。例如，含有 Zn^{2+}，Ni^{2+}，Cu^{2+}，Ag^{+} 等离子的水溶液中，金属的标准电位分别为：$\varphi_{Zn}^{\ominus} = -0.763$ V，$\varphi_{Ni}^{\ominus} = -0.25$ V，$\varphi_{Cu}^{\ominus} = 0.34$ V，$\varphi_{Ag}^{\ominus} = 0.8$ V。故电解时，金属在阴极优先析出的顺序有可能是 $Ag^{+} \rightarrow Cu^{2+} \rightarrow Ni^{2+} \rightarrow Zn^{2+}$。当然，实际的析出顺序还与各种离子的浓度、离子间相互作用及通电后各金属电极电位的变化等因素有关，这里仅仅指可能性。

（5）利用标准电极电位可以初步判断可逆电池的正负极（仅对化学电池而言）和计算电池的标准电动势。例如：

$$(-)Zn \mid Zn^{2+}(a_1) \parallel Cu^{2+}(a_2) \mid Cu(+)$$

因为 $\varphi_{Zn}^{\ominus} = -0.763\ V$，$\varphi_{Cu}^{\ominus} = 0.34\ V$，所以初步判断锌电极是负极（阳极），铜电极是正极（阴极）。若能根据标准电位和离子活度计算出各电极的平衡电位，那就可以准确判断了。此外，还可求出上述电池的标准电动势为：

$$E^{\ominus} = \varphi_+^{\ominus} - \varphi_-^{\ominus} = \varphi_{Cu}^{\ominus} - \varphi_{Zn}^{\ominus} = 1.103\ V$$

（6）利用标准电位，可以初步判断氧化还原反应进行的方向。电极电位较负的还原态物质具有较强的还原性，而对应的氧化态的氧化性却较弱。反之，电极电位较正的物质的氧化态具有较强的氧化性，而对应的还原态的还原性却较弱。氧化还原反应是在得电子能力强的氧化态物质和失电子能力强的还原态物质之间进行的。因此，只有电极电位较负的还原态物质和电极电位较正的氧化态物质之间才能进行氧化还原反应，且两者的电极电位相差越大，反应越容易进行，且进行得越完全。利用这一规律可以分析各种氧化还原反应自发进行的方向，例如由标准锌电极和标准银电极组成化学电池时，电池反应式为：

$$Zn + 2Ag^+ =\!=\!=\!= Zn^{2+} + 2Ag$$

因 $\varphi_{Zn^{2+}/Zn}^{\ominus}$ 比 $\varphi_{Ag^+/Ag}^{\ominus}$ 负，因此锌的还原性大于银，而 Ag^+ 的氧化性大于 Zn^{2+}。在上述化学电池中。Zn 为还原剂，Ag^+ 为氧化剂。

（7）标准电极电位是计算许多物理化学参数的有用的物理量。标准电极电位不仅本身是一个比较直观的、可判断氧化还原反应的性质和方向的有用参数，而且，电池电动势可以精确地测定。所以，通过标准电动势和标准电极电位的测量，可以求出不同类型反应的平衡常数、有关反应的焓变、熵变及电解质平均活度等多种物理化学参数。

应当强调指出，运用标准电极电位序来分析电极反应的方向时，必须明确它有两个重大的局限性：（1）用标准电极电位进行分析时，只是指出了反应进行的可能性，而没有涉及反应以什么速度进行，即没有涉及动力学问题。（2）标准电位是有条件的相对的电化学数据，它是电极在水溶液中和标准状态下的氢标电位。对于非水溶液和各种气体反应及固体在高温下的反应是不适用的。就是在水溶液中，也没有考虑反应物质的浓度，溶液中各物质的相互作用，溶液酸碱度，通气与否等具体的反应条件，因此只有参考的价值，而不是一种充分的判据。

2.4　不可逆电极

2.4.1　不可逆电极及其电位

在实际的电化学体系中，有许多电极并不能满足可逆电极条件，这类电极叫作不可逆电极。例如，铝在海水中所形成的电极，相当于 $Al\,|\,NaCl$；零件在电镀溶液中所形成的电极，$Fe\,|\,Zn^{2+}$，$Fe\,|\,CrO_4^{2-}$，$Cu\,|\,Ag^+$ 等。

不可逆电极的电位是怎样形成的呢？它又有哪些特点呢？本书以纯锌放入稀盐酸的情形为例来说明。开始时，溶液中没有锌离子，但有氢离子，所以正反应为锌的氧化溶解，即

$$Zn \longrightarrow Zn^{2+} + 2e$$

逆反应为氢离子的还原，即

$$H^+ + e \longrightarrow H$$

随着锌的溶解，也开始发生锌离子的还原反应，即

$$Zn^{2+} + 2e \longrightarrow Zn$$

同时还会存在氢原子重新氧化为氢离子的反应，即

$$H \longrightarrow H^+ + e$$

这样，电极上同时存在四个反应，如图 2.17 所示。在总的电极反应过程中，锌的溶解速度和沉积速度不相等，氢的氧化和还原也如此。因此物质的交换是不平衡的，即有净反应发生（锌溶解和氢气析出）。这个电极显然是一种不可逆电极。所建立起来的电极电位称为不可逆电位或不平衡电位。它的数值不能按能斯特方程计算，只能由实验测定。

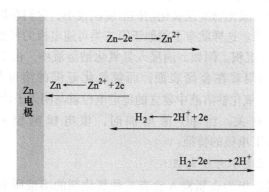

图 2.17　电极反应速率示意图

不可逆电位可以是稳定的，也可以是不稳定的。当电荷在界面上交换的速度相等时，尽管物质交换不平衡，也能建立起稳定的双电层，使电极电位达到稳定状态。稳定的不可逆电位叫稳定电位。对同一种金属，由于电极反应类型和速度不同，在不同条件下形成的电极电位往往差别很大。不可逆电位的数值是很有实用价值的。比如判断不同金属接触时的腐蚀倾向时，用稳定电位比用平衡电位更接近实际情况。如铝和锌接触时，就平衡电位来看，铝比锌负（$\varphi^{\ominus}_{Al^{3+}/Al} = -1.66 \text{ V}$，$\varphi^{\ominus}_{Zn^{2+}/Zn} = -0.763 \text{ V}$），似乎铝易于腐蚀。而在 3%NaCl 溶液中测出的稳定电位表明，锌将腐蚀（$\varphi_{Al} = -0.63 \text{ V}$，$\varphi_{Zn} = -0.83 \text{ V}$），这与实际的接触腐蚀规律是一致的。

2.4.2 不可逆电极类型

2.4.2.1 第一类不可逆电极

当金属浸入不含该金属离子的溶液时所形成的电极电位，如 Zn｜HCl，Zn｜NaCl。这类电极与第一类可逆电极有相似之处。例如，锌放在稀盐酸溶液中，本来溶液中是没有锌离子的，但锌一旦浸入溶液就很快发生溶解，在电极附近产生了一定浓度的锌离子。这样，锌离子将参与电极过程，使最终建立起来的稳定电位与锌离子浓度有关。锌的标准电位是-0.76 V，锌在 1 mol/L HCl 溶液中的稳定电位是-0.85 V，两个电极电位值是比较接近的。如果按能斯特方程计算，当锌的平衡电位为-0.85 V 时，其锌离子浓度为 $0.001 \sim 0.1$ mol/L。显然，锌浸入稀盐酸溶液后，在电极附近很快达到这一锌离子浓度是可能的。所以第一类不可逆电位往往与第一类可逆电极电位类似，电位的大小与金属离子浓度有关。

2.4.2.2 第二类不可逆电极

一些标准电位较正的金属（Cu，Ag 等）浸在能生成该金属的难溶盐或氧化物的溶液中所组成的电极叫第二类不可逆电极，例如，Cu｜NaOH，Ag｜NaCl 等。由于生成的难溶盐，氧化物或氢氧化物的溶度积很小，它们在溶液中很快达到饱和并在金属表面析出。这样就有了类似于第二类可逆电极的特征，即阴离子在金属/溶液界面溶解或沉积。例如，铜浸入氢氧化钠溶液中，由于铜与溶液反应生成一层氢氧化亚铜附着在金属表面，而氢氧化亚铜的溶度积很小（$K_S = 1 \times 10^{-14}$），因此铜在氢氧化钠溶液中建立的稳定电位就与阴离子活度（a_{OH^-}）有关，即与溶液 pH 值有关。当 pH 值增加时，该电极电位向负移，类似于Cu｜CuOH(固)，OH^- 电极的特征。

2.4.2.3 第三类不可逆电极

第三类不可逆电极为金属浸入含有某种氧化剂的溶液所形成的电极，例如Fe｜HNO$_3$，Fe｜K$_2$Cr$_2$O$_7$ 及不锈钢浸在含有氧化剂的溶液中等。与第三类可逆电极不同的是，在金属浸入溶液初期，溶液中只有氧化态物质，没有还原态物质或其浓度极低。这类电极所建立起来的电极电位主要依赖于溶液中氧化态物质和还原态物质之间的氧化还原反应。因此，它类似于第三类可逆电极，称为不可逆的氧化还原电极。

2.4.2.4 不可逆气体电极

一些具有较低的氢过电位的金属在水溶液中，尤其是在酸溶液中，会建立起不可逆的氢电极电位。这时，电极反应主要是 $H \rightleftharpoons H^+ + e$，但仍有反应 $M \rightleftharpoons M^{n+} + ne$ 发生，后者的速度远小于前者。因此，电极电位值主要取决于氢的氧化还原过程，表现出气体电极的特征，称为不可逆气体电极。例如，Fe｜HCl，Ni｜HCl 等电极就属于这一类。

又如不锈钢在通气的水溶液中建立的电位，与氧的分压和氧在溶液中的扩散速度有密切关系，而与溶液中金属离子的浓度关系不大，表现出一定程度的氧电极的特征，可看作是不可逆的氧电极电位。

2.4.3　可逆电位与不可逆电极电位的判别

如何判断给定电极是可逆的还是不可逆的呢？首先可根据电极的组成做出初步判断，符合可逆电极反应特点的就是可逆电极。例如，铜在硫酸铜溶液中形成的电极电位，从电极组成看为 $Cu \mid CuSO_4$，分析其电极反应为：

$$Cu^{2+} + 2e \Longleftrightarrow Cu$$

符合第一类可逆电极的特点，可初步判断为第一类可逆电极，而铜浸在氯化钠溶液中，其电极组成为 $Cu \mid NaCl$，不符合四种可逆电极的组成。其主要的电极反应为

氧化反应：
$$Cu \longrightarrow Cu^+ + e$$
$$Cu^+ + Cl^- \longrightarrow CuCl$$
$$Cu + Cl^- \longrightarrow CuCl + e$$

反应产生的 CuCl（氧化亚铜）的溶度积很小。

还原反应：
$$O + H_2O + 2e \longrightarrow 2OH^-$$

式中，O 为溶解在溶液中的氧，并吸附在金属/溶液界面。

因此，由上述电极反应也可初步判断属于第二类不可逆电极。为了进行准确的判断，则应进一步分析。众所周知，可逆电极电位可以用能斯特方程计算；而不可逆电位不符合能斯特方程的规律，不能用该方程计算。所以可以用实验结果和理论计算结果进行比较的方法来判断。如果实验测量得到的电极电位与活度的关系曲线符合用能斯特方程计算出的理论曲线，就说明该电极是可逆电极。若测量值与理论计算值偏差很大，超出实验误差范围，那就是不可逆电极。

2.4.4　影响电极电位的因素

从电极电位产生的机理可知，电极电位的大小取决于金属/溶液界面的双电层，因而影响电极电位的因素包含了金属的性质和外围介质的性质两大方面。前者包括金属的种类、物理化学状态和结构、表面状态，金属表面成相膜或吸附物的存在与否，机械变形与内应力等。后者包括溶液中各种离子的性质和浓度，溶剂的性质，溶解在溶液中的气体、分子和聚合物等的性质与浓度，温度、压力、光照和高能辐射等。总之，影响电极电位的因素是很复杂的，对任何一个电极体系，都必须做具体分析，才能确定影响其电位变化的因素是什么。下面讨论几个主要的因素：

（1）电极的本性。电极的本性在这里指的是电极的组成。由于组成电极的氧化

态物质和还原态物质不同，得失电子的能力也不同，因而形成的电极电位不同。

（2）金属的表面状态。金属表面加工的精度，表面层纯度，氧化膜或其他成相膜的存在，原子、分子在表面的吸附等对金属的电极电位有很大影响，可使电极电位变化的范围达 1 V 左右。其中金属表面自然生成的保护性膜层的影响特别大。保护膜的形成多半使金属电极电位向正移，而保护膜破坏（如破裂、膜的孔洞增多增大等）或溶液中的离子对膜的穿透率增强时，往往使电极电位变负。电位的变化可达数百毫伏。

吸附在金属表面的气体原子，常常对金属的电极电位发生强烈影响。这些被吸附的气体可能本来是溶解在溶液中的，也可能是金属放入电解液以前就吸附在金属表面的。例如，铁在 1 mol/L KOH 溶液中，有大量氧吸附时的电极电位为 -0.27 V，有大量氢吸附时的电极电位是 -0.67 V。这一差别来源于不同气体原子的吸附。通常，有氧吸附时的金属电极电位将变正；有氢吸附时，电极电位变负。吸附气体对电极电位的影响一般为数十毫伏，有时达数百毫伏。

（3）金属的机械变形和内应力。变形和内应力的存在通常使电极电位变负，但一般影响不大，约数毫伏至数十毫伏。其原因可以这样来解释：在变形的金属上，金属离子的能量增高，活性增大，当它浸入溶液时就容易溶解而变成离子。因此，界面反应达到平衡时，所形成的双电层电位差就相对的负一些。如果由于变形或应力作用破坏了金属表面的保护膜，则电位也将变负。

（4）溶液的 pH 值。pH 值对电极电位有明显影响，表 2.2 中列出了同一金属在浓度为 1 mol/L 的 HCl、KCl、KOH 等典型酸、碱、盐溶液中的电极电位。从表中可看出，pH 值的影响可使电极电位变化达数百毫伏。

表 2.2　金属在被 O_2 饱和的 1 mol/L KCl、KOH 和 HCl 溶液中的电极电位

（V）

溶液	金属电极					
	Ag	Ni	Zn	Cr	Fe	Cu
KCl	0.18	−0.02	−0.83	0.38	−0.49	0.03
KOH	0.10	0.05	−1.23	−0.31	−0.27	−0.03
HCl	0.202	−0.07	−1.225	—	−0.29	0.24

（5）溶液中氧化剂的存在。溶液中加入氧化剂（如 H_2O_2）对电极电位的影响很大。在通常的金属腐蚀过程中常遇到的氧化剂是溶解在电解液中的氧。氧化剂一般使电极电位变正，除了吸附氧的作用外，还可能因生成氧化膜或使原来的保护膜更加致密而使电位变正。

（6）溶液中配合剂的存在。当溶液中有配合剂时，金属离子就可能不再以水化离子形式存在，而是以某种络离子的形式存在，从而影响到电极反应的性质

和电极电位的大小。例如，锌在含 Zn^{2+} 的溶液中的标准电位 $\varphi^{\ominus} = -0.763$ V，电极反应是：

$$Zn \rightleftharpoons Zn^{2+} + 2e$$

或 $$Zn + xH_2O \rightleftharpoons Zn(H_2O)_x^{2+}(水合锌离子) + 2e$$

当溶液中加入 NaCN 后，发生配合反应：

$$Zn(H_2O)_x^{2+} + 4CN^- \rightleftharpoons Zn(CN)_4^{2-} + xH_2O$$

锌离子将以 $Zn(CN)_4^{2-}$ 配合离子形式存在，电极反应变为：

$$Zn + 4CN^- \rightleftharpoons Zn(CN)_4^{2-} + 2e$$

该反应对应的标准电位 $\varphi_{配}^{\ominus} = -1.260$ V 。可见，加入配合剂 NaCN 之后，锌的电极电位变负了。不同的配合剂对同种金属的电极电位的影响不同，但总是使电位向更负的方向变化。如果溶液中有多种配合剂存在，则对电极电位的影响更为复杂，通常要通过实验来测定电位。

（7）溶剂的影响。电极在不同溶剂中的电极电位的数值是不同的。在讨论电极电位的形成时，已经知道电极电位既与物质得失电子有关，又与离子的溶剂化有关。因而，不同溶剂中，离子溶剂化不同，形成的电极电位也不同。表 2.3 列出了某些电极在不同溶剂中的标准电位。

表 2.3 25 ℃时某些电极在不同溶剂中的标准电极电位 （V）

电极	H_2O	CH_3OH	C_2H_5OH	NH_4	N_2H_4	HCOOH
Li｜Li^+	−3.045	−3.10	−3.04	−2.24	−2.20	−3.48
Cs｜Cs^+	−2.923	—	—	−1.95		−3.44
Rb｜Rb^+	−2.923	−2.91		−1.93	−2.01	−3.45
K｜K^+	−2.923	−2.92	—	−1.98	−2.02	−3.36
Na｜Na^+	−2.714	−2.73	−2.66	−1.85	−1.83	−3.42
Ca｜Ca^{2+}	−0.87	—	—	−1.74	−1.91	−3.20
Zn｜Zn^{2+}	−0.763	−0.74		−0.53	−0.41	−1.05
Cd｜Cd^{2+}	−0.483	−0.43	—	−0.20	−0.10	−0.75
Pb｜Pb^{2+}	−0.126			0.32	0.35	−0.72
Ag｜AgBr,Br^-	−0.085	−0.14	−0.13	—		—
H_2｜H^+	0	0	0	0	0	0
Ag｜AgCl,Cl^-	0.222	−0.01	−0.09	—	—	
Hg｜Hg_2Cl_2,Cl^-	0.263					
Cu｜Cu^{2+}	0.337	—		0.43		−0.14
Cu｜Cu^+	0.521	−0.49		0.41	0.22	—
Ag｜Ag^+	0.799	0.764	—	0.83		−0.17

2.5　电化学热力学计算

2.5.1　可逆电池电动势的计算

2.5.1.1　从电极电势计算电池的电动势

设有电池：

(1)　　　　　$\mathrm{Pt} \mid \mathrm{H}_2(p^{\ominus}) \mid \mathrm{H}^+(a_{\mathrm{H}^+}=1) \parallel \mathrm{Cu}^{2+}(a_{\mathrm{Cu}^{2+}}) \mid \mathrm{Cu(s)}$

(2)　　　　　$\mathrm{Pt} \mid \mathrm{H}_2(p^{\ominus}) \mid \mathrm{H}^+(a_{\mathrm{H}^+}=1) \parallel \mathrm{Zn}^{2+}(a_{\mathrm{Zn}^{2+}}) \mid \mathrm{Zn(s)}$

(3)　　　　　$\mathrm{Zn(s)} \mid \mathrm{Zn}^{2+}(a_{\mathrm{Zn}^{2+}}) \parallel \mathrm{Cu}^{2+}(a_{\mathrm{Cu}^{2+}}) \mid \mathrm{Cu(s)}$

三个电池的电池反应分别为：

(1)　　　　　$\mathrm{H}_2 + \mathrm{Cu}^{2+} \Longrightarrow \mathrm{Cu} + 2\mathrm{H}^+$

(2)　　　　　$\mathrm{H}_2 + \mathrm{Zn}^{2+} \Longrightarrow \mathrm{Zn} + 2\mathrm{H}^+$

(3)　　　　　$\mathrm{Zn} + \mathrm{Cu}^{2+} \Longrightarrow \mathrm{Cu} + \mathrm{Zn}^{2+}$

显然，反应 (3) = (1) - (2)，则

$$\Delta_r G_m(3) = \Delta_r G_m(1) - \Delta_r G_m(2)$$

因为

$$\Delta_r G_m(1) = -2FE_1 \qquad E_1 = \varphi_{\mathrm{Cu}^{2+}/\mathrm{Cu}}$$

$$\Delta_r G_m(2) = -2FE_2 \qquad E_2 = \varphi_{\mathrm{Zn}^{2+}/\mathrm{Zn}}$$

而

$$\Delta_r G_m(3) = -2FE_1 + 2FE_2 = -2FE_3$$

所以，

$$E_3 = E_1 - E_2 = \varphi_{\mathrm{Cu}^{2+},\mathrm{Cu}} - \varphi_{\mathrm{Zn}^{2+},\mathrm{Zn}} = \left(\varphi_{\mathrm{Cu}^{2+},\mathrm{Cu}}^{\ominus} + \frac{RT}{2F} \ln \frac{a_{\mathrm{Cu}^{2+}}}{a_{\mathrm{Cu}}} \right) - \left(\varphi_{\mathrm{Zn}^{2+},\mathrm{Zn}}^{\ominus} + \frac{RT}{2F} \ln \frac{a_{\mathrm{Zn}^{2+}}}{a_{\mathrm{Zn}}} \right)$$

φ 的下角标表示系还原电势（即电极反应写成 $\mathrm{O} + n\mathrm{e} \rightarrow \mathrm{R}$ 形式）。总之，在用电极电位计算电池电动势时必须注意：（1）写电极反应时物质的量和电荷量必须平衡；（2）电极电势必须都用还原电势，计算电动势时用右边正极的还原电势减去左边负极的还原电势（按照电池书写的左右顺序，而暂不管电极实际发生的是什么反应）。若计算得到的 E 值为正值，则该电池是自发电池，若求得 E 值为负值，则所写电池为非自发电池，或者把电池的正负极的左右位置对换一下，电池反应才是自发的。（3）要写明反应温度、各电极的物态和液态中各离子的活度，因为电极电势与这些因素有关。

2.5.1.2　从电池总反应式直接用能斯特方程计算电池电动势

仍以上面电池 (3) $\mathrm{Zn} + \mathrm{Cu}^{2+} \Longrightarrow \mathrm{Cu} + \mathrm{Zn}^{2+}$ 为例。

左边负极反应：　　　　　$\mathrm{Zn(s)} \longrightarrow \mathrm{Zn}^{2+}(a_{\mathrm{Zn}^{2+}}) + 2\mathrm{e}$

右边正极反应：$\qquad$ $Cu^{2+}(a_{Cu^{2+}})+2e \longrightarrow Cu(s)$

电池总反应：$\quad Zn(s)+Cu^{2+}(a_{Cu^{2+}}) \longrightarrow Zn^{2+}(a_{Zn^{2+}})+Cu(s)$

$$E = E^{\ominus} - \frac{RT}{nF}\ln\frac{a^{v}_{产物}}{a^{v'}_{反应物}}$$

$$E = E^{\ominus} - \frac{RT}{nF}\ln\frac{a_{Zn^{2+}}a_{Cu}}{a_{Cu^{2+}}a_{Zn}} = \varphi^{\ominus}_{+} - \varphi^{\ominus}_{-} - \frac{RT}{nF}\ln\frac{a_{Zn^{2+}}a_{Cu}}{a_{Cu^{2+}}a_{Zn}}$$

$$= \left(\varphi^{\ominus}_{Cu^{2+},Cu} + \frac{RT}{2F}\ln\frac{a_{Cu^{2+}}}{a_{Cu}}\right) - \left(\varphi^{\ominus}_{Zn^{2+},Zn} + \frac{RT}{2F}\ln\frac{a_{Zn^{2+}}}{a_{Zn}}\right)$$

可以发现，两种计算电池电动势的方法实际上是等同的。

例题 2.1 写出电池 $Zn|ZnCl_2(0.1\ mol/dm^3)\|AgCl(固)|Ag$ 的电极反应和电池反应，并计算该电池 25 ℃时的电动势。

解：

左边负极反应 $\qquad Zn \longrightarrow Zn^{2+}+2e$

右边正极反应 $\qquad 2AgCl+2e \longrightarrow 2Ag+2Cl^{-}$

电池总反应：$\qquad Zn+2AgCl \longrightarrow Zn^{2+}+2Ag+2Cl^{-}$

方法 1：从电池总反应式直接用能斯特方程计算电池电动势。

$$\varphi^{\ominus}_{AgCl/Ag} = 0.222\ V$$

$$\varphi^{\ominus}_{Zn^{2+}/Zn} = -0.763\ V$$

所以 $E^{\ominus} = \varphi^{\ominus}_{AgCl/Ag} - \varphi^{\ominus}_{Zn^{2+}/Zn} = 0.985\ V$。又已知 $n=2$ 查表得 0.1 mol/L $ZnCl_2$ 溶液中 $\gamma_{\pm} = 0.5$，故得到

$$E = E^{\ominus} - \frac{RT}{nF}\ln\frac{a_{Zn^{2+}}a^2_{Ag}a^2_{Cl^-}}{a_{Zn}a^2_{AgCl}} = \varphi^{\ominus}_{AgCl/Ag} - \varphi^{\ominus}_{Zn^{2+}/Zn} - \frac{RT}{nF}\ln(a_{Zn^{2+}}a^2_{Cl^-}) = 1.082\ V$$

方法 2：从电极电势计算电池的电动势。

负极反应：$Zn^{2+}+2e \longrightarrow Zn$（特别注意，求算电极电位时电极反应统一写成还原形式）

正极反应：$\qquad 2AgCl+2e \longrightarrow 2Ag+2Cl^{-}$

$$\varphi_{平} = \varphi^{\ominus} + \frac{RT}{nF}\ln\frac{a_{氧化态}}{a_{还原态}}$$

$$\varphi_{+} = \varphi^{\ominus}_{AgCl/Ag} + \frac{RT}{nF}\ln\frac{1}{a^2_{Cl^-}}$$

$$\varphi_{-} = \varphi^{\ominus}_{Zn^{2+}/Zn} + \frac{RT}{nF}\ln a^2_{Zn^{2+}}$$

$$E = \varphi_{+} - \varphi_{-} = \varphi^{\ominus}_{AgCl/Ag} + \frac{RT}{nF}\ln\frac{1}{a^2_{Cl^-}} - \varphi^{\ominus}_{Zn^{2+}/Zn} - \frac{RT}{nF}\ln a^2_{Zn^{2+}}$$

$$= \varphi_{\text{AgCl/Ag}}^{\ominus} - \varphi_{\text{Zn}^{2+}/\text{Zn}}^{\ominus} - \frac{RT}{nF} \ln (a_{\text{Zn}^{2+}} a_{\text{Cl}^-}^2)$$

2.5.2　由标准电动势求算电池反应的平衡常数

若电池反应中各参加反应的物质都处于标准状态，则有

$$\Delta_r G_m^{\ominus} = -nFE^{\ominus}$$

已知 $\Delta_r G^{\ominus}$ 与反应的标准平衡常数 $K_a^{\ominus}$ 的关系为

$$\Delta_r G^{\ominus} = -RT\ln K_a^{\ominus}$$

因此，可以得到

$$E^{\ominus} = \frac{RT}{nF} \ln K_a^{\ominus}$$

标准电动势 $E^{\ominus}$ 的值可以通过标准电极电势表获得，从而可通过上式计算反应的平衡常数 $K_a^{\ominus}$。

例题 2.2　某电池的电池反应可用如下两个方程表示，分别写出其对应的 $\Delta_r G_m$，$K_a^{\ominus}$ 和 E 的表示式，并找出两组物理量之间的关系。

（1）
$$\frac{1}{2}\text{H}_2 + \frac{1}{2}\text{Cl}_2 == \text{H}^+ + \text{Cl}^-$$

（2）
$$\text{H}_2 + \text{Cl}_2 == 2\text{H}^+ + 2\text{Cl}^-$$

解：

$$E_1 = E_1^{\ominus} - \frac{RT}{F} \ln \frac{a_{\text{H}^+} a_{\text{Cl}^-}}{a_{\text{H}_2}^{1/2} a_{\text{Cl}_2}^{1/2}}$$

$$E_2 = E_2^{\ominus} - \frac{RT}{2F} \ln \frac{a_{\text{H}^+}^2 a_{\text{Cl}^-}^2}{a_{\text{H}_2} a_{\text{Cl}_2}}$$

因为是同一电池，所以 $E_1^{\ominus} = E_2^{\ominus}$，$E_1 = E_2$，即电动势的值是电池本身的性质，与电池反应的写法无关

$$\Delta_r G_{m,1} = -FE_1, \Delta_r G_{m,2} = -2FE_2$$

因为 $E_1 = E_2$，所以 $\Delta_r G_{m,2} = 2\Delta_r G_{m,1}$

$$E_1^{\ominus} = \frac{RT}{F} \ln K_{a,1}^{\ominus}$$

$$E_2^{\ominus} = \frac{RT}{2F} \ln K_{a,2}^{\ominus}$$

因为 $E_1^{\ominus} = E_2^{\ominus}$，所以 $K_{a,2}^{\ominus} = (K_{a,1}^{\ominus})^2$。可见，$\Delta_r G_m$、$K_a^{\ominus}$ 的值与电池反应的写法有关。

2.5.3　由电动势 E 及其温度系数求算反应的 $\Delta_r H_m$ 和 $\Delta_r S_m$

根据热力学基本公式

$$dG = -SdT + Vdp$$

$$\left(\frac{\partial G}{\partial T}\right)_p = -S \quad \left(\frac{\partial(\Delta G)}{\partial T}\right)_p = -\Delta S$$

已知 $\Delta_r G_m = -nFE$ 代入上式

$$\left[\frac{\partial(-nFE)}{\partial T}\right]_p = -\Delta_r S_m$$

所以

$$\Delta_r S_m = nF\left(\frac{\partial G}{\partial T}\right)_p$$

在等温情况下,可逆反应的热效应为

$$Q_R = T\Delta_r S_m = nFT\left(\frac{\partial G}{\partial T}\right)_p$$

从热力学函数之间的关系指导,在等温条件下得

$$\Delta G = \Delta H - TdS$$

所以

$$\Delta_r H_m = \Delta_r G_m + T\Delta_r S_m = -nFE + nFT\left(\frac{\partial G}{\partial T}\right)_p$$

从实验测得电池的可逆电动势 E 和温度系数 $\left(\frac{\partial G}{\partial T}\right)_p$,就可以求出反应的 $\Delta_r H_m$ 和 $\Delta_r G_m$ 的值。由于电动势能够测得很精确,因此从上式所得到的 $\Delta_r H_m$ 值常比用化学方法得到的 $\Delta_r H_m$ 值要精确些。从 $\left(\frac{\partial G}{\partial T}\right)_p$ 的数值是正是负,可以确定可逆电池在工作时是吸热还是放热的。

例题 2.3 电池 $Zn \mid ZnCl_2(0.05 \text{ mol/L})$,$AgCl(s) \mid Ag$ 在 25 ℃ 时的电动势为 1.015 V,电动势的温度系数是 -4.92×10^{-4} V/K。计算电池反应的自由能变化、反应热效应与熵变。

解:

电极反应: $(-)\ Zn \longrightarrow Zn^{2+} + 2e$

$(+)\ 2AgCl + 2e \longrightarrow 2Ag + 2Cl^-$

电池反应: $Zn + 2AgCl \longrightarrow Zn^{2+} + 2Ag + 2Cl^-$

已知 $n = 2$

所以

$$-\Delta G = nFE = -195995 \text{ J/mol}$$

$$\Delta S = nF\left(\frac{\partial E}{\partial T}\right)_p = -95 \text{ J/(K·mol)}$$

$$Q_p = \Delta H = nFE - nFT\left(\frac{\partial E}{\partial T}\right)_p = -224.2 \text{ kJ/mol}$$

2.5.4 由电动势或平衡电位求算电解质溶液的平均活度系数

因为可逆电池电动势或可逆电极电位与反应物质的活度有关，所以可测出电动势或平衡电位后，利用能斯特方程式计算活度与活度系数。

例题 2.4   25 ℃时电池 Cd│CdCl$_2$(0.01 mol/L)，AgCl(s)│Ag 的电动势为 0.758 V，标准电动势为 0.573 V。试计算该 CdCl$_2$ 溶液中的平均活度系数 $\gamma_\pm$。

解：

电极反应： $(-)\,\mathrm{Cd} \longrightarrow \mathrm{Cd^{2+}} + 2e$

$$(+)\,2\mathrm{AgCl} + 2e \longrightarrow 2\mathrm{Ag} + 2\mathrm{Cl^-}$$

电池反应： $\mathrm{Cd} + 2\mathrm{AgCl} \longrightarrow \mathrm{Cd^{2+}} + 2\mathrm{Ag} + 2\mathrm{Cl^-}$

按照电池反应可知

$$E = E^\ominus - \frac{2.3RT}{2F} \lg\left(a_{\mathrm{Cd^{2+}}} a_{\mathrm{Cl^-}}^2 \right)$$

$$= E^\ominus - \frac{2.3RT}{2F} \lg\left[\left(c_{\mathrm{Cd^{2+}}} \gamma_\pm \right) \left(c_{\mathrm{Cl^-}} \gamma_\pm \right)^2 \right]$$

$$= E^\ominus - \frac{2.3RT}{2F} \lg\left(4c^3 \gamma_\pm^3 \right)$$

式中，c 为 CdCl$_2$ 的摩尔浓度。

已知 $c = 0.01$ mol/L，$E = 0.7585$ V，$E^\ominus = 0.5732$ V，$n = 2$。所以

$$\lg\left(4c^3 \gamma_\pm^3 \right) = \frac{2F}{2.3RT}\left(E^\ominus - E \right)$$

$$\lg\left(4 \times 10^{-6} \gamma_\pm^3 \right) = \frac{2 \times (0.5732 - 0.7585)}{0.0591} = -6.27$$

$$4 \times 10^{-6} \gamma_\pm^3 = 5.37 \times 10^{-7}$$

$$\gamma_\pm^3 = 0.1343$$

$$\gamma_\pm = 0.51$$

2.5.5 以电动势法求算难溶盐的活度积

难溶盐在溶液中的离解平衡为

$$\mathrm{M}_{v_+} \mathrm{A}_{v_-} = v_+\, \mathrm{M_+} + v_-\, \mathrm{A}$$

其溶度积 K_s 为

$$K_s = a_{\mathrm{M}}^{v_+} a_{\mathrm{A}}^{v_-}$$

若用浓度积 k_s 表示，则为 $k_s = c_{\mathrm{M}}^{v_+} c_{\mathrm{A}}^{v_-}$

所以 $K_s = \gamma_\pm^v k_s$

式中，$\gamma_\pm$ 为平均活度系数；$v = v_+ + v_-$。

可以有多种方法求溶度积，但以电化学方法（电动势法）最准确。电动势

法就是组成一个包含待测难溶盐的电池，根据第二类可逆电极电位解法的原理求出难溶盐溶度积。

例题 2.5 电池 $Ag \mid AgSCN(s)$，$KSCN(0.1 \text{ mol/L}) \parallel AgNO_3(0.1 \text{ mol/L}) \mid Ag$ 在 18 ℃时测得电动势为 586 mV±1 mV。试计算 AgSCN 的溶解度。假设在两种溶液中平均活度系数均为 0.76。

解：

电极反应：

$$(-) \quad Ag + SCN^- \longrightarrow AgSCN + e$$

$$(+) \quad Ag^+ + e \longrightarrow Ag$$

电池反应：

$$Ag^+ + SCN^- \longrightarrow AgSCN$$

根据电极反应可知

$$\varphi_+ = \varphi^{\ominus}_{(Ag^+/Ag)} + \frac{2.303RT}{F} \lg a_{Ag^+}$$

而负极反应同样可以写成多步形式：

$$Ag \longrightarrow Ag^+ + e \qquad (A)$$

$$Ag^+ + SCN^- \longrightarrow AgSCN \qquad (B)$$

则 $\varphi_- = \varphi^{\ominus}_{(Ag^+/Ag)} + \dfrac{2.303RT}{F} \lg a'_{Ag^+}$（注意，此处的 a'_{Ag^+} 与前面的 a_{Ag^+} 的区别）

因为

$$K_s = a'_{Ag^+} a_{SCN^-}$$

故

$$\varphi_- = \varphi^{\ominus}_{(Ag^+/Ag)} + \frac{2.303RT}{F} \lg \frac{K_s}{a_{SCN^-}}$$

因此

$$E = \varphi_+ - \varphi_- = \frac{2.303RT}{F} \lg a_{Ag^+} - \frac{2.303RT}{F} \lg \frac{K_s}{a_{SCN^-}}$$

$$\lg K_s = \lg(a_{Ag^+} a_{SCN^-}) - \frac{FE}{2.303RT}$$

已知 $c_{Ag^+} = 0.1 \text{ mol/L}$，$c_{SCN^-} = 0.1 \text{ mol/L}$，$\gamma_\pm = 0.76$，$E = (0.586 \pm 0.001) \text{ V}$。

所以

$$\lg K_s = \lg(0.1 \times 0.76)^2 - \frac{0.586 \pm 0.001}{0.0577} = -12.39 \pm 0.02$$

$$K_s = (4.1 \pm 0.2) \times 10^{-13} (\text{mol/L})^2$$

根据溶度积很容易算出难溶盐的溶解度。即

因为

$$a_{Ag^+} = \frac{K_s}{a_{SCN^-}} = 5.4 \times 10^{-12}$$

所以

$$c_{Ag^+} = \frac{a_{Ag^+}}{\gamma_\pm} = \frac{5.4 \times 10^{-12}}{0.76} = 7.1 \times 10^{-12} \text{ mol/L}$$

由于 AgSCN 溶解时 $c_{Ag^+} = c_{SCN^-}$，因此 AgSCN 的溶解度 $c_{SCN^-} = 7.1 \times 10^{-12} \text{ mol/L}$。

复习思考与练习题

2-1 一个电化学体系中通常包括哪些相间电位？请阐述产生这些相间电位的原因。

2-2 请阐述可逆电池和可逆电极的特点。

2-3 列举四种可逆电极体系，并给出平衡电极电位的计算公式。

2-4 试比较原电池、电解池、腐蚀微电池的异同点。

2-5 用书面表示电池时有哪些通用符号，为什么电极电势有正有负？原电池的电动势为何一定为正？

2-6 什么是标准氢电极还原电势？如何用能斯特公式计算电极的还原电势？

2-7 写出下列电池中各电极的反应和电池反应。

(1) $Pt \mid H_2(p_{H_2}) \mid HCl(a) \mid Cl_2(p_{Cl_2}) \mid Pt$；

(2) $Pt \mid H_2(p_{H_2}) \parallel Ag^+ \mid Ag$；

(3) $Ag \mid AgI \mid I^- \parallel Cl^- \mid AgCl \mid Ag$；

(4) $Pt \mid Fe^{3+}, Fe^{2+} \parallel Ag^+ \mid Ag$。

2-8 写出电池 $Zn \mid ZnCl_2(0.1 \text{ mol/L})$，$AgCl(s) \mid Ag$ 的电极反应和电池反应，并计算该电池 25 ℃时的电动势。

2-9 电池 Pt，$H_2(101325 \text{ Pa}) \mid S \parallel KCl(0.1 \text{ mol/kg})$，$Hg_2Cl_2$(固) $\mid Hg$中，当 S 代表某一未知 pH 值的缓冲溶液时，电池电动势 $E = 0.74$ V。计算溶液 S 中的 OH^-浓度。

2-10 已知 $Hg \mid Hg_2^{2+}$ 的标准电极电位在 25 ℃时是 0.799 V，25 ℃时 Hg_2SO_4 的溶度积 K_s 是 6.5×10^{-7}。试计算下列半电池 25 ℃时的标准电极电位

$$Hg \mid Hg_2SO_4(s), SO_4^{2-}$$

2-11 25 ℃时电池 $Ag \mid AgCl(s)$，$HCl(a)$，$Hg_2Cl_2(s) \mid Hg$ 的电动势为 45.5 mV，温度系数 $\left(\dfrac{\partial E}{\partial T}\right)_p = 0.338$ mV/K。求 25 ℃时通过 1 mol 电量时的电池反应的 ΔG，ΔH，ΔS。

2-12 已知

$$Cu^{2+} + 2e = Cu \quad \varphi^{\ominus} = 0.337 \text{ V}$$
$$Cu^+ + e = Cu \quad \varphi^{\ominus} = 0.520 \text{ V}$$

求反应 $Cu^{2+} + e = Cu^+$ 的 $\varphi^{\ominus}$ 值和 ΔG 值，并判断在标准状态下此反应自发进行的可能性及进行的方向。

2-13 在含 0.001 mol/kg $ZnSO_4$ 和 0.01 mol/kg $CuSO_4$ 的混合溶液中放两个铂电极，25 ℃时用无限小的电流进行电解，同时充分搅拌溶液。已知溶液 pH 值为 5。试粗略判断：

(1) 哪种离子首先在阴极析出？

(2) 当后沉积的金属开始沉积时，先析出的金属离子所剩余的浓度是多少？

2-14 25 ℃时 $Pb \mid Pb^{2+}$ 电极的标准电极电位为-126.3 mV，$Pb \mid PbF_2(s)$，F^- 的标准电极电位为 -350.2 mV。求 PbF_2 的溶度积 K_s。

3 电极/溶液界面的结构与性质

3.1 概　　述

3.1.1　研究电极/溶液界面性质的意义

电化学学科是研究电子导体与离子导体之间界面的性质及其上所发生的变化的科学。电极过程发生在电子导体/离子导体界面上，界面的结构与性质对电极过程影响显著。第 2 章介绍了金属/溶液相间电位的形成原因，然而，电极/溶液界面区域剩余电荷是如何分布的？电极电位与剩余电荷的分布有何关系？这些界面结构和性质对电极过程的动力学规律（带电粒子传质过程、电子转移过程）有何影响？因此，认识清楚两类导体界面的结构与性质，有助于加深对电极电位等概念的理解，并指导我们有效地控制电极过程。电子导体包括半导体、金属等，离子导体包括熔盐、电解质溶液、离子液体等。其中，金属电极/电解质溶液界面是研究最广泛的电极体系，为了表述方便，如无特殊说明，本书所述电极/溶液界面都指金属/电解质溶液界面。

实践表明，同一电极反应，在不同的电极/溶液界面上进行的速度很不相同，有时差别甚至超过 10 多个数量级。导致电极/溶液界面上电极过程动力学差异的主要因素有两个方面。

（1）电极材料的化学性质和表面性质对电极过程动力学，尤其是电化学反应活化能有很大的影响。在同一电极电位下，铂电极上析氢反应速度要比在汞电极上的反应速度大 10^{10} 倍以上。电极表面的化学状态、处理方式、残余应力、晶面取向都会影响电极反应过程。例如，当电极表面出现吸附的或成相的有机物或氧化物时，电极反应速度显著降低。此外，溶液中表面活性物质或络合离子的存在也会改变剩余离子的分布、带电粒子的活度、带电粒子的反应路径，进而能改变电极反应速度。如水溶液中添加少量苯骈三氮唑可以抑制铜的腐蚀溶解。

（2）电极/溶液界面上的电场强度对电化学反应的活化能有很大的影响。界面电场是由电极/溶液相间双电层所引起的。双电层距离非常小，因而能产生巨大的场强。例如，假设双电层电位差为 1 V，界面双电层的间距为 10^{-8} cm，其电场强度可达 10^8 V/cm。在同一电极表面，同一电极反应的速度可以随着电极电位的变化而大幅变化。对于许多电极反应，电极电位改变 100~200 mV，就可以使电极反应速度改变 10 倍。在电化学工业实践中，电极电位可以被人为地、连续地加以改变，继而通过控制电极电位来有效地调节电极反应速度。这正是电极反应区别于其他化学反应的一大优点。

3.1.2 理想极化电极

传统的扫描电子显微镜、X 射线衍射仪、X 射线光电子能谱仪等无法原位观测电极/溶液界面的成分、物相、结构信息。因此，在早期，研究电极/溶液界面结构的基本方法是通过实验测量一些能够反映界面性质的参数（如界面张力、电极剩余电荷密度、微分电容、各种离子的界面吸附量）等，研究上述界面性质与电极电位的函数关系。根据这些函数关系，建立界面结构模型，如果这些模型能够很好地解释上述界面性质与电极电位的函数关系，那么该结构模型就有一定的正确性。但是，不论测定哪种界面性质参数，都必须选择一个适合于进行界面研究的电极体系。那么，满足什么条件才是适合的电极体系呢？

如图 3.1 所示，假设单位时间外电路向电极注入 n mol 电子（ne）。在通电前，电极/溶液界面形成了双电层，电极电位为开路电位，净反应速度为零。在通电的瞬间，电极电位仍然处于开路电位，注入的电子无法直接参与电极反应（$O+2e \rightleftharpoons R$），这些电子会积累在电极内。随着电极剩余电荷发生变化，在静电作用下，溶液一侧会聚集更多的带相反电荷的离子（阳离子），从而改变了界面双电层两侧的剩余电荷量，电极电位负移（电极一侧剩余电子）。当电极电位负移到一定程度，电极反应（$O+2e \rightleftharpoons R$）开始出现净电流，电子被消耗。当单位时间注入的电子数与电化学反应消耗的电子数相等，电极上剩余电荷数不再改变，双电层结构达到稳态，外电路注入的电子全部用于电化学反应。通常地，直流电流入/流出电极体系，一部分电子（n_2e）参与电极反应而被消耗掉，引起物质的生成或消耗，电子数量与物质的消耗/生成质量遵从法拉第定律，因此，这部分电流称为法拉第电流；还有一部分电子（n_1e）参与构建/改变双电层结构，导致双电层两侧剩余电荷发生变化（类似双电层充电），这部分电子并不导致物质的消耗或生成，因此，被称为非法拉第电流。单位时间内，外电路电流等于法拉第电流与非法拉第电流之和（$n_1+n_2=n$）。

考虑两种极端，如果外电路输入的电流都用于建立或改变界面结构，调控电极电位，这种不发生任何电极反应的电极体系称为理想极化电极。相反地，如果外电路输入的电流都用于电化学反应，电极/溶液界面结构和电极电位不发生变化，这种电极称为理想不极化电极。显然，为了研究电极/溶液界面的结构和性质，希望界面上不发生电极反应。这样，就可以方便地把电极电位改变到所需要的数值，并可定量地分析建立这种双电层结构所需要的电量。

绝对的理想极化电极是不存在的。只有在一定的电极电位范围内，某些真实

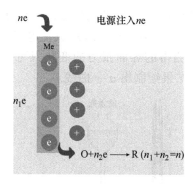

图 3.1　阴极电极体系注入电子的去向示意图

的电极体系可以满足理想极化电极的条件。例如，由汞和去除了氧和其他杂质的高纯 KCl 溶液所组成的电极体系中，只有在电极电位比 0.1 V（vs. SHE）更正时能发生汞的氧化溶解反应；在电极电位比 -1.6 V 更负时能发生钾的还原反应。因此，该电极（Hg/KCl）在 -1.6~0.1 V 的电位范围内，电极/溶液界面上不会发生任何电极反应，可视为理想极化电极。

3.2　电毛细曲线

3.2.1　电毛细曲线的测定

将细小的玻璃管插入水中，水会在管中上升到一定高度才停止；但把细小玻璃管插入水银中时，水银会在管中下降一定高度；这些都是常见的毛细现象。任何两相界面都存在着界面张力（当其中一相为气体时，界面张力通常又被称为表面张力），电极/溶液界面也不例外。然而，与一般的界面不同，电极/溶液界面张力不仅与界面两侧物质组成有关，而且与电极电位有关。这种界面张力随电极电位变化的现象叫作电毛细现象。界面张力与电极电位的关系曲线叫作电毛细曲线。

实验中常采用毛细管静电计测量液态金属电极的电毛细曲线，其装置如图 3.2（a）所示。工作电极为填充了 Hg 的毛细管 k，对电极兼参比电极为 Hg/Hg$_2$Cl$_2$/KCl。电源和滑变电阻控制对电极（参比电极）和工作电极（Hg/KCl）之间的电势差，即 Hg/KCl 相对电极电位。如图 3.2（b）所示，由于界面张力的作用，汞柱与 KCl 溶液的接触面为弯月面。由于界面张力试图把表面积变小，降低表面能。因此，界面张力是竖直向上的。同时，界面上受到汞柱的重力，即 ρgh。借助观测镜观察 Hg/KCl 界面的位置，通过调整储汞瓶的高度，使得 Hg/KCl 界面与管外溶液液面齐平，这样就可以通过汞柱的高度直接计算界面张力。

实验中，可通过调节滑变电阻改变电极电位 φ，记录在不同电极电位下汞柱高度，进而计算 Hg/KCl 界面张力 σ。对于理想极化电极，界面的化学组成不发生变化，因而在不同电位下测得的界面张力的变化只可能是电极电位改变所引起的。所以，可以根据实验结果绘制出 σ-φ 曲线。

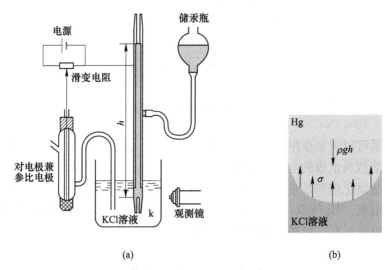

(a)　　　　　　　　　　　　　　　(b)

图 3.2　电毛细曲线测量装置（a）和 Hg/KCl 界面受力情况（b）

采用图 3.2 所示的装置测出的 Hg/KCl 电极体系的电毛细曲线如图 3.3 所示。可以发现，电毛细曲线呈抛物线状，出现一个最高点。为什么界面张力与电极电位之间有这样的变化规律呢？图 3.4 分析了 Hg/KCl 电极界面受力分析。当 Hg 电极上没有剩余电荷时，假设溶液一侧没有偶极子定向排列和离子的特性吸附，此时界面张力与 Hg 柱重力平衡。当调节滑变电阻，Hg/KCl 电极电位发生偏移。我们知道，汞/溶液界面存在着双电层，Hg 电极一侧出现剩余电荷，在静电力的作用下，溶液一侧也出现带相反电荷的剩余离子。以 Hg 电极一侧的剩余电荷为例，可以发现，由于 Hg 电极一侧的剩余电荷带相同电荷，同性电荷互相排斥，这种排斥力力图使界面扩大，而界面张力力图使界面缩小，因此剩余电荷之间的斥力会抵消一部分界面张力，因此，测量的汞柱高度降低，表观界面张力减小。无论 Hg 电极一侧剩余正电荷还是电子，同种电荷均产生斥力，都会导致表观界面张力减小。值得注意的是，溶液一侧的剩余电荷也互相排斥，同样抵消部分界面张力，这些未在图中表示出来。

综合上述分析，我们知道，随着电极/溶液界面电极一侧剩余电荷密度越大，斥力越大，测量的界面张力就越小。当电极一侧剩余电荷为零时，测量的界面张力达到最大值。因为电极表面剩余电荷密度的大小与电极电位密切相关，因而有了图 3.3 所示的 q-φ 关系曲线。

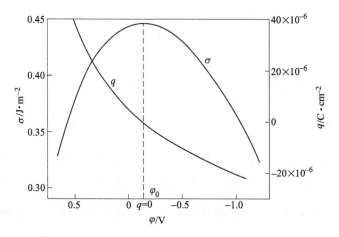

图 3.3 Hg/KCl 电极体系上测量的电毛细曲线（σ-φ）和
表面剩余电荷密度-电位（q-φ）曲线

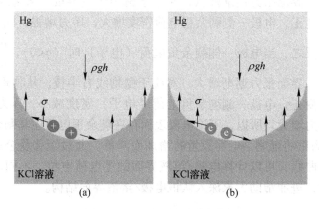

图 3.4 Hg/KCl 界面受力分析
（a）Hg 电极表面剩余正电荷；（b）Hg 电极表面剩余电子

3.2.2 电毛线曲线的微分方程

从上面的分析可以发现，电极电位是通过改变电极和溶液界面两侧的剩余电荷来改变电极/溶液界面张力的。那么界面张力、剩余电荷和电极电位三者的关系是怎样的呢？可以通过热力学方法从理论上推导出三者之间的关系式。具体的推导过程大家可以查阅其他电化学教材，这里只给出最后的结果。

$$q = -\left(\frac{\partial \sigma}{\partial \varphi}\right)_{\mu_i} \tag{3.1}$$

因为理想极化电极的界面上没有化学反应发生，所以溶液中的物质组成不变，对每一个组分说来，均有 $d\mu_i = 0$。于是式（3.1）可简化为

$$q = -\frac{\partial\sigma}{\partial\varphi} \tag{3.2}$$

式中，q 为电极一侧剩余电荷量，C/cm^2；φ 为电极电位，V（vs. 参比电极）；σ 为电极/溶液界面张力，J/cm^2。

式（3.2）用热力学方法推导出的电毛细曲线的微分方程，通常称为李普曼公式。

由李普曼公式可以发现，通过对图 3.3 的 σ-φ 曲线求微分，可以得到不同电极电位下电极一侧的剩余电荷量。当 σ 达到最大值时，处于抛物线的顶点，此时 $\frac{\partial\sigma}{\partial\varphi} = 0$，$q = 0$，即电极一侧剩余电荷等于零，印证了我们上面的分析。表面剩余电荷密度 q 等于零时的电极电位，也就是界面张力最大时对应的电极电位称为零电荷电位，常用符号 φ_0 表示。当电极一侧剩余正电荷时（$q > 0$），$\frac{\partial\sigma}{\partial\varphi} < 0$，即随着电极电位变正，界面张力逐渐降低，对应于抛物线左半枝。从物理层面来解释，随着电极电位变正，电极一侧剩余正电荷密度增大，斥力增强，因此，测量的界面张力降低。反之，当电极一侧剩余负电荷（电子）时（$q < 0$），$\frac{\partial\sigma}{\partial\varphi} > 0$，即随着电极电位变正，界面张力逐渐增大，对应于抛物线右半枝。从物理层面来解释，随着电极电位变正，电极一侧剩余负电荷（电子）密度减小，斥力变弱，因此，测量的界面张力增大。所以，不论电极表面存在剩余正电荷还是剩余负电荷（电子），界面张力都将随剩余电荷数量的增加而降低。通过李普曼公式，结合实验测量的电毛细曲线，可以计算电极/溶液界面的零电荷电位、不同电位下电极一侧剩余电荷量，进而帮助大家深入认识电极/溶液界面结构。

3.2.3　离子表面剩余量

电极/溶液界面双电层是由电极一侧和溶液一侧的剩余电荷组成的。电极一侧的剩余电荷来源于电子的过剩或不足，溶液一侧剩余电荷来源于阴、阳离子不均匀分布。如图 3.5 所示，当电极一侧剩余电子时，在溶液一侧，阳离子所带电荷数量高于阴离子所带电荷数量（图 3.5 中假设阴、阳离子价态绝对值相等），导致界面附近溶液一侧出现过剩的正电荷（阳离子）。而在远离界面的地方（溶液本体），阴离子所带电荷数等于阳离子所带电荷数，局部呈电中性。类似地，当电极一侧剩余正电荷（电子不足），在溶液一侧，阴离子所带电荷数量高于阳离子所带电荷数量，导致界面附近溶液一侧出现过剩的负电荷（阴离子）。通过李普曼公式，可以获得电极一侧剩余电荷数，那么溶液一侧的剩余电荷量、剩余离子数如何计算？在

实际应用中，电极/溶液界面附近溶液一侧的离子的分布是非常复杂的，因为这里离子不一定是参加电化学反应的离子。随着电极反应进行，溶液一侧的离子组成和分布不断发生变化，计算溶液一侧离子的剩余量难度较大。

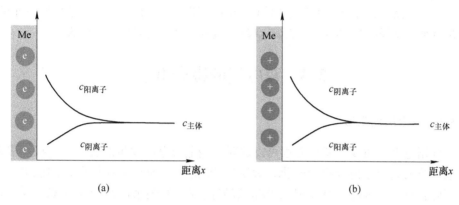

图 3.5 溶液一侧离子的分布

（a）电极剩余电子；（b）电极剩余正电荷

图 3.6 所示为在 0.1 mol/L 各种电解质溶液中，汞电极上阴、阳离子表面剩余量随电极电位变化的曲线。可以发现，当电极一侧带剩余负电荷（电子）时，随着电极电位负移，溶液一侧阳离子剩余量增大；当电极一侧带剩余正电荷时，随着电极电位正移，溶液一侧阴离子剩余量增大。这些结果符合电极表面剩余电荷和正、负离子间的静电作用规律。

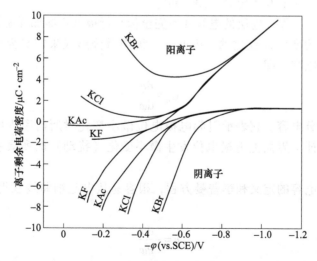

图 3.6 在 0.1 mol/L 溶液中阳、阴离子表面剩余量随电极电位的变化

值得注意的是，当电极一侧剩余负电荷（电子）时，随着电极电位负移，溶

液一侧阳离子剩余量增大，阴离子剩余量几乎为零。然而，当电极一侧带剩余正电荷时，随着电极电位正移，溶液一侧阴离子剩余量增大，而阳离子剩余量也增大，这些变化已不能单纯用静电作用来解释了。它表明，在电极与溶液之间除了带电粒子的静电作用外，还存在着其他的相互作用。那么，溶液一侧离子是如何分布的？结构特征是怎样的？这些正是认识电极/溶液界面结构需要研究的内容。

3.3　双电层的微分电容

3.3.1　双电层的电容

根据电毛细曲线的微分方程可以发现，当电极电位发生改变时，电极一侧和溶液一侧的剩余电荷也跟着变化，表明电极/溶液界面具有存储电荷的能力，即具有电容特性。因此，可以把电极/溶液界面两侧的剩余电荷简化为双电层，对于理想极化电极，由于没有电化学反应进行，电极/溶液界面双电层可以等效成一个电容器。如果把理想极化电极作为平行板电容器处理，也就是说，把电极/溶液界面的两个剩余电荷层比拟成电容器的两个平行板，那么该电容器的电容值为一常数，即

$$C = \frac{\varepsilon_0 \varepsilon_r}{l} \tag{3.3}$$

式中，ε_0 为真空中的介电常数；ε_r 为实物相的相对介电常数；l 为电容器两平行板之间的距离，cm；C 为电容，$\mu F/cm^2$。

实验表明，界面双电层的电容并不完全像平行板电容器那样是恒定值，而是随着电极电位的变化而变化的。因此，应该用微分形式来定义界面双电层的电容，称为微分电容，即

$$C_d = \frac{dq}{d\varphi} \tag{3.4}$$

式中，C_d 为微分电容。它表示引起电极电位微小变化时所需引入电极表面的电量，从而也表征了界面上电极电位发生微小变化（扰动）时所具备的储存电荷的能力。

根据微分电容的定义和李普曼方程，很容易从电毛细曲线求得微分电容值，因为

$$q = -\frac{\partial \sigma}{\partial \varphi}$$

所以

$$C_d = -\frac{\partial^2 \sigma}{\partial \varphi^2} \tag{3.5}$$

已知可以根据电毛细曲线确定零电荷电位 φ_0，从而可以利用式（3.4）求得任一电极电位下的电极表面剩余电荷密度 q，即

$$q = \int_0^q \mathrm{d}q = \int_{\varphi_0}^{\varphi} C_\mathrm{d}\mathrm{d}\varphi \tag{3.6}$$

与用电毛细曲线法求 q 值相比，微分电容法更为精确和灵敏。因为前者是利用 σ-φ 曲线的斜率求 q，而后者是利用 C_d-φ 曲线下方的面积求 q。也就是说，应用电毛细曲线法时，测量的界面参数 σ 是 q 的积分函数（即 $\sigma = -\int q\mathrm{d}\varphi$）；应用微分电容法时，测量的界面参数 C_d 是 q 的微分函数（即 $C_\mathrm{d} = \dfrac{\mathrm{d}q}{\mathrm{d}\varphi}$）。通常情况下，微分函数总是比积分函数更灵敏地反映原函数的细微变化的。所以，微分电容法更精确和灵敏些。此外，电毛细曲线的直接测量只能在液态金属（汞、镓等）电极上进行，而微分电容的测量还可以在固体电极上直接进行。因此在实际工作中，微分电容法的应用较为广泛一些。不过，应用微分电容法时，往往需要依靠电毛细曲线法来确定零电荷电位。

3.3.2 微分电容曲线

双电层微分电容可以被精确地测量出来，经典的方法是交流电桥法。其他还有各种快速测定微分电容的方法，如载波扫描法、恒电流方波法和恒电位方波法等。如果对同一电极体系能测量出不同电极电位下的微分电容值，那么就可以做出微分电容 C_d 相对于电极电位 φ 的变化曲线了，该关系曲线称为微分电容曲线。

图 3.7 所示为滴汞电极在不同浓度 KCl 溶液中测得的微分电容曲线。从图中可以看到，当 KCl 浓度较低（0.0001~0.01 mol/L）时，微分电容曲线上出现 C_d 最小值。而且，KCl 浓度越小，微分电容曲线的最小值越明显。当 KCl 浓度达到 0.1 mol/L 时，该最小值消失。根据微分电容的计算公式可以发现，微分电容最小值对应的电极电位即为零电荷电位 φ_0。这很好理解，当电极剩余电荷为零时，溶液一侧的带电粒子受到的静电作用最小，剩余离子密度也最小，双电层储存电荷的能力低，因而双电层电容最小。值得注意的是，φ_0 下的微分电容并不为零，说明此时电极/溶液界面上仍然有少量的剩余电荷，这些可能是定向排列的偶极子、特性吸附的离子等。随着电解质浓度增大，微分电容最小值也增大。电解质浓度增大，离子间静电吸引力增大，双电层厚度降低，因而双电层电容增大。然而，在较高电解质浓度条件下，微分电容最小值消失，说明电解质浓度对电极/溶液界面的双电层结构有着显著的影响。

零电荷电位也把微分电容曲线分成了两部分，左半部分（$\varphi > \varphi_0$）的电极表面剩余电荷 q 为正值，右半部分（$\varphi < \varphi_0$）的电极表面剩余电荷 q 为负值。还可以看出，电极电位在 φ_0 附近时（电极上剩余电荷密度较小时），微分电容随电极

电位的变化比较明显。当剩余电荷密度增大时，电容值趋于稳定，进而出现电容值不随电位变化的所谓"平台"区。当电极上剩余正电荷时（$\varphi > \varphi_0$），平台区对应的 C_d 值为 32~40 $\mu F/cm^2$；当电极上剩余负电荷时（$\varphi < \varphi_0$），平台区对应的 C_d 值为 16~20 $\mu F/cm^2$。鉴于金属电极上剩余正电荷和负电荷（电子）均分布在电极表面，微分电容的差异主要是由溶液一侧阴离子或阳离子结构和分布特征差异导致的。

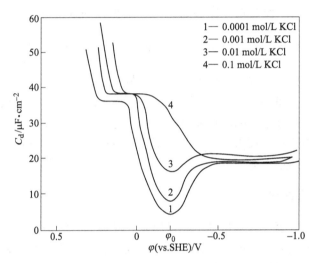

图 3.7　滴汞电极在不同浓度 KCl 溶液中的微分电容曲线

前面已经提过，研究电极/溶液界面结构的基本方法是通过实验测量一些能够反映界面性质的参数（如界面张力、电极剩余电荷密度、微分电容、各种离子的界面吸附量）等，研究上述界面性质参数与电极电位的函数关系。根据这些关系，建立界面结构模型，如果这些模型能够很好地解释上述界面性质参数与电极电位的函数关系，那么该结构模型就有一定的正确性。如何从理论上解释上述微分电容曲线的变化规律，说明界面结构及其影响因素对微分电容的影响，这正是建立双电层结构模型时要考虑的一个重要内容。根据微分电容曲线所提供的信息来研究界面结构与性质的实验方法叫作微分电容法。

3.4　双电层结构

前面两节采用电毛细曲线和微分电容曲线获得了一些关于电极/溶液界面性质与电极电位之间的关系。为了解释所观察到的实验现象和数据，在电化学发展过程中提出了多种电极/溶液界面结构的模型。在人类认识自然的过程中提出了多种模型，这些模型不仅应该能够解释当时获得的实验事实，还必须不断经受此后实验事实的考验。因此，任何模型总是不断发展的，越来越接近客观事物的真实情况。本节将介绍有代表性的电极/溶液界面结构模型。

3.4.1 电极/溶液界面的基本结构

第 2 章介绍过，电极/溶液界面存在着两种相间相互作用：一种是电极与溶液两相中的剩余电荷所引起的静电作用；另一种是电极和溶液中各种粒子（离子、溶质分子和溶剂分子等）之间的短程作用，如特性吸附、偶极子定向排列等，它只在零点几个纳米的距离内发生。这些相互作用决定着界面的结构和性质。

静电作用是一种长程性质的相互作用，它使符号相反的剩余电荷力图相互靠近，趋向于紧贴着电极表面排列，形成如图 3.8 所示的紧密双电层结构，简称紧密层。但是，电极和溶液两相中的荷电粒子都不是静止不动的，而是处于不停的热运动之中。热运动促使荷电粒子倾向于均匀分布，从而使剩余电荷不可能完全紧贴着电极表面分布，而具有一定的分散性，形成所谓分散层。这样，在静电作用和粒子热运动的矛盾作用下，电极/溶液界面的双电层将由紧密层和分散层两部分组成。

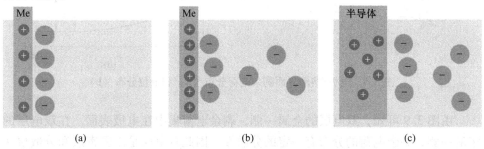

图 3.8 金属/溶液界面溶液两个剩余电荷分布形式
（a）紧密层；（b）紧密层-分散层；（c）半导体/溶液界面两侧剩余电荷分布形式

剩余电荷分布的分散性取决于静电作用和热运动的对立统一结果，因而在不同条件的电极体系中，双电层的分散性不同。当金属与电解质溶液组成电极体系时，在金属相中，由于自由电子的浓度很大（可达 10^{25} mol/L），少量剩余电荷（自由电子）在界面的集中并不会明显破坏自由电子的均匀分布。因此，可以认为金属中全部剩余电荷都是紧密分布的，金属内部各处的电位均相等。在溶液相中，当溶液总浓度较高，电极表面电荷密度较大时，由于离子热运动比较困难，对剩余电荷分布的影响较小，而电极与溶液相间的静电作用较强，对剩余电荷的分布起了主导作用。因此，溶液中的剩余电荷（水化离子）也倾向于紧密分布，从而形成图 3.8（a）所示的紧密双电层。如果溶液总浓度较低，或电极表面电荷密度较小，那么，离子热运动的作用增强，而静电作用减弱，因而形成如图 3.8 (b) 所示的紧密层与分散层共存的结构。

同样道理，如果由半导体材料和电解质溶液组成电极体系，那么，在固相（半导体相）中，由于载流子浓度较小（约 10^{17} mol/L），则剩余电荷的分布也将具有一定的分散性，可形成如图 3.8 (c) 所示的双电层结构。为此，需要约定，本书中讨论界面结构与性质时，如不特殊说明，则"电极"均指金属电极。

在紧密层中，还应该考虑到电极与溶液两相间短程相互作用对剩余电荷分布的影响，这一点，将在后面叙述。如果只考虑静电作用，那么可以得出，一般情况下，电极/溶液界面剩余电荷分布和电位分布如图 3.9 所示。

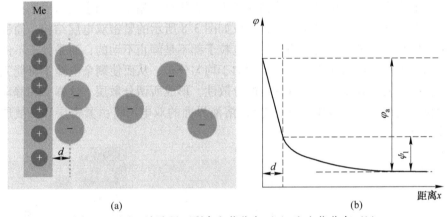

(a)　　　　　　　　　　　　　(b)

图 3.9　电极/溶液界面剩余电荷分布 (a) 和电位分布 (b)

由图 3.9 可知，双电层的金属一侧，剩余电荷集中在电极表面。在双电层的溶液一侧，剩余电荷的分布有一定的分散性。因此双电层是由紧密层和分散层两部分组成的。图中 d 为紧贴电极表面排列的水化离子的电荷中心与电极表面的距离，也就是离子电荷能接近电极表面的最小距离。所以，从 $x=0$ 到 $x=d$ 的范围内不存在剩余电荷，这一范围即为紧密层。显然，紧密层的厚度为 d。若假定紧密层内的介电常数为恒定值，则该层内的电位分布是线性变化的（见图 3.9 (b)）。从 $x=d$ 到剩余电荷为零（溶液中）的双电层部分即为分散层。其电位分布是非线性变化的。

距离电极表面 d 处的平均电位称为 ψ_1 电位。在没有考虑紧密层内具体结构的情况下，常习惯地将 ψ_1 电位定义为距离电极表面一个水化离子半径处的平均电位。实际上，从后面的讨论中将看到，在不同结构的紧密层中，d 的大小是不同的。所以把 ψ_1 电位看作是距离电极表面 d 处，即离子电荷能接近电极表面的最小距离处的平均电位更合适些。也可以把 ψ_1 电位看作为紧密层与分散层交界面的平均电位。

若以φ_a表示整个双电层的电位差，则由图3.9可知，紧密层电位差的数值为$\varphi_a - \psi_1$；分散层电位差的数值为ψ_1。须指出φ_a与ψ_1均是相对于溶液深处的电位（规定为零）而言的。由于双电层电位差由紧密层电位差与分散层电位差两部分组成，即$\varphi_a = (\varphi_a - \psi_1) + \psi_1$，所以，可以利用下式计算双电层电容，即把双电层的微分电容看成是由紧密层电容$C_紧$和分散层电容$C_分$串联组成的。

$$\frac{1}{C_d} = \frac{d\varphi_a}{dq} = \frac{d(\varphi_a - \psi_1)}{dq} + \frac{d\psi_1}{dq} = \frac{1}{C_紧} + \frac{1}{C_分} \tag{3.7}$$

3.4.2 斯特恩（Stern）模型

亥姆荷茨在19世纪末曾根据电极与溶液间的静电作用，提出紧密双电层模型，即把双电层比拟为平行板电容器，描述为图3.8（a）所示的结构。该模型基本上可以解释界面张力随电极电位变化的规律和微分电容曲线上所出现的平台区。但是，它解释不了界面电容随电极电位和溶液总浓度变化而变化，以及在稀溶液中零电荷电位下微分电容最小等基本实验事实。因而亥姆荷茨的模型还不完善。

20世纪初，古依（Gouy）和恰帕曼（Chapman）则根据粒子热运动的影响，提出了分散层模型。该模型认为，溶液中的离子在静电作用和热运动作用下按位能场中粒子的玻耳兹曼分配律分布，完全忽略了紧密层的存在。因而尽管它能较好地解释微分电容最小值的出现和电容随电极电位的变化，但理论计算的微分电容值却比实验测定值大得多，而且解释不了微分电容曲线上"平台区"的出现。

1924年，斯特恩在汲取前两种理论模型中合理部分的基础上，提出了双电层静电模型。该模型认为双电层是由紧密层和分散层两部分组成的，具有图3.9所示的物理图像，被后人称为斯特恩模型。由于这一模型对分散层的讨论比较深入细致，对紧密层的描述很简单，并且采用了与古依-恰帕曼相同的数学方法处理分散层中剩余电荷和电位的分布及推导出相应的数学表达式（双电层方程式），所以从现代电化学中，又常将斯特恩模型称为古依-恰帕曼-斯特恩模型或GCS分散层模型。

斯特恩模型在推导双电层方程式时作了一些假设，例如假设介质的介电常数不随电场强度变化，把离子电荷看成点电荷并假定电荷是连续分布的。这就使得斯特恩双电层方程式对界面结构的描述只能是一种近似的、统计平均的结果，而不能用作准确的计算。例如，按照该模型可以计算ψ_1电位的数值，但这一数值应该被理解为某种宏观统计平均值。因为每一个离子附近都存在着离子电荷引起的微观电场，所以即使是与电极表面等距离的平面上，也并非是等电位的。斯特恩模型的另一个重要缺点是对紧密层的描述过于粗糙。它只简单地把紧密层描述成

厚度 d 不变的离子电荷层，而没有考虑到紧密层组成的细节及由此引起的紧密层结构与性质上的特点。

3.4.3　紧密层的结构

20 世纪 60 年代以来，在承认斯特恩模型的基础上，许多学者，如弗鲁姆金、鲍克利斯和格来享等，对紧密层结构模型作了补充和修正，从理论上更为详细地描绘了紧密层的结构。本节以 BDM（Bockris-Davanathan-Muller）模型为主，综合介绍现代电化学理论关于紧密层结构的基本观点。

3.4.3.1　电极表面的"水化"和水的介电常数的变化

水分子是强极性分子，能在带电的电极表面定向吸附，形成一层定向排列的水分子偶极层。即使电极表面剩余电荷密度为零时，由于水偶极子与电极表面的镜像力作用和色散力作用，也仍然会有一定数量的水分子定向吸附在电极表面，如图 3.10 所示。水分子的吸附覆盖度可达 70% 以上，好像电极表面水化了一样。因而在通常情况下，紧贴电极表面的第一层是定向排列的水分子偶极层，第二层才是由水化离子组成的剩余电荷层（见图 3.11）。同时，第一层水分子由于在强界面电场中定向排列而导致介电饱和，其相对介电常数降低至 5~6，比通常水的相对介电常数（25 ℃时约为 78）小得多。从第二层水分子开始，相对介电常数随距离的增加而增大，直至恢复到水的正常相对介电常数值。在紧密层内，即离子周围的水化膜中，相对介电常数可达 40 以上。

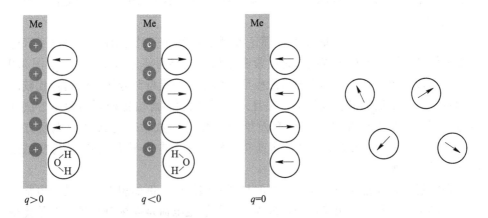

图 3.10　电极一侧带不同剩余电荷时溶液中水分子的分布结构

3.4.3.2　没有离子特性吸附时的紧密层结构

溶液中的离子除了因静电作用而富集在电极/溶液界面外，还可能由于与电极表面的短程相互作用而发生物理吸附或化学吸附。这种吸附与电极材料、离子本性及其水化程度有关，被称为特性吸附。大多数无机阳离子不发生特性吸附，只有极少数水化能较小的阳离子，如 Tl^+、Cs^+ 等离子能发生特性吸附。反之，除了 F^- 外，几乎所有的无机阴离子都或多或少地发生特性吸附。有无特性吸附，紧密层的结构是有差别的。

当电极表面荷负电时，双电层溶液一侧的剩余电荷由阳离子组成。由于大多数阳离子与电极表面只有静电作用而无特性吸附作用，而且阳离子的水化程度较高，因此，阳离子不容易溢出水化膜而突入水偶极层。这种情况下的紧密层将由水偶极层与水化阳离子层串联组成，如图 3.11 所示，称为外紧密层。外紧密层的有效厚度 d 为从电极表面（$x=0$ 处）到水化阳离子电荷中心的距离。若设 x_1 为第一层水分子层的厚度，x_2 为一个水化阳离子的半径，则

$$d=x_1+x_2 \tag{3.8}$$

距离电极表面为 d 的液层，即最接近电极表面的水化阳离子电荷中心所在的液层称为外紧密层平面或外亥姆荷茨平面（OHP）。

3.4.3.3 有离子特性吸附时的紧密层结构

例如，电极表面荷正电时，构成双电层溶液一侧剩余电荷的阴离子水化程度较低，又能进行特性吸附。因而阴离子的水化膜遭到破坏，即阴离子能够溢出水化膜，取代水偶极层中的水分子而直接吸附在电极表面，组成如图 3.11 所示的紧密层。这种紧密层称为内紧密层。

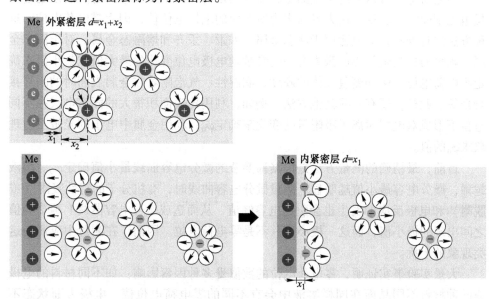

图 3.11 电极/溶液界面溶液一侧外紧密层、内紧密层结构示意图

　　阴离子电荷中心所在的液层称为内紧密层平面或内亥姆荷茨平面（IHP）。由于阴离子直接与金属表面接触，因此内紧密层的厚度仅为 1 个离子半径，比外紧密层厚度小很多。可根据内紧密层与外紧密层厚度的差别解释微分电容曲线上为什么 $q>0$ 时的紧密层（平台区）电容比 $q<0$ 时大得多。

3.5　零电荷电位

　　前面已经提及，电极表面剩余电荷为零时的电极电位称为零电荷电位，用 φ_0 表示。其数值大小是相对于某一参比电极所测量出来的。由于电极表面不存在剩余电荷时，电极/溶液界面就不存在离子双电层，因此也可以将零电荷电位定义为电极/溶液界面不存在离子双电层时的电极电位。

　　需要指出的是，剩余电荷的存在是形成相间电位的重要原因，但不是唯一的原因。因而，当电极表面剩余电荷为零时，尽管没有离子双电层存在，但任何一相表面层中带电粒子或偶极子的非均匀分布仍会引起相间电位。例如，溶液中某些离子的特性吸附、偶极分子的定向排列、金属表面原子的极化等都可能引起同一相中的表面电位，从而形成一定的相间电位。所以，零电荷电位仅仅表示电极表面剩余电荷为零时的电极电位，而不表示电极/溶液相间电位或绝对电极电位的零点。绝不可把零电荷电位与绝对电位的零点混淆起来。

　　零电荷电位可以通过实验测定，而且测定的方法很多。经典的方法是通过测量电毛细曲线，求得与最大界面张力所对应的电极电位值，即为零电荷电位。这种方法比较准确，但只适用于液态金属，如汞、汞齐和熔融态金属。对于固态金属，则可通过测量与界面张力有关的参数随电极电位变化的最大值或最小值来确定零电荷电位，例如测量固体的硬度、润湿性、气泡附着在金属表面时的临界接触角等。此外，还有一些其他方法。例如，利用比表面积很大的固态电极在不同电位下形成双电层时离子吸附量的变化来确定 φ_0；利用金属中电子的光敏发射现象求 φ_0 的值。

　　目前，最精确的测量方法是根据稀溶液的微分电容曲线最小值确定 φ_0。溶液越稀，微分电容最小值越明显。测量微分电容曲线时，有机分子的特性吸附（或脱附）和电极反应的发生也会引起电容峰值，从而造成微分电容曲线上两个峰值之间出现的极小值，而这一极小值并不是零电荷电位。因而，在测量中应避免这类现象的干扰。

　　大量实验事实证明，零电荷电位的数值受多种因素影响：如不同材料的电极或同种材料不同晶面在同样溶液中会有不同的零电荷电位值；电极表面状态不同，会测得不同的 φ_0 值；溶液的组成，包括溶剂本性、溶液中表面活性物质的存在、酸碱度及温度，氢和氧的吸附等因素也都对零电荷电位的数值有影响。这些因素的影响，可以通过零电荷电位形成的物理本质予以解释。

由于不同测量方法中实验条件控制的不同和上述多种因素对零电荷电位大小的影响，使得不同的人用不同方法所测得的 φ_0 值往往不一致，缺乏可比性。表 3.1 给出了一些在室温下的 φ_0 值，其中类汞金属的 φ_0 值多数是用微分电容法在高纯度金属表面上获得的。

表 3.1　室温下水溶液中的零电荷电位（相对标准氢电极电位）

电极材料	溶液组成	φ_0/V
Hg	0.01 mol/L NaF	−0.19
Ga	0.008 mol/L $HClO_4$	−0.6
Pb	0.01~0.001 mol/L NaF	−0.56
Tl	0.001 mol/L NaF	−0.71
Cd	0.001 mol/L NaF	−0.75
Cu	0.01~0.001 mol/L NaF	0.09
Sb	0.002 mol/L NaF	−0.14
	0.002 mol/L $KClO_4$	−0.15
Sn	0.001 mol/L K_2SO_4	−0.38
In	0.01 mol/L NaF	−0.65
Bi 多晶	0.002 mol/L KF	−0.39
Bi(111)	0.01 mol/L KF	−0.42
Ag(111)	0.001 mol/L KF	−0.46
Ag(100)	0.005 mol/L NaF	−0.61
Ag(110)	0.005 mol/L NaF	−0.77
Au 多晶	0.005 mol/L NaF	0.25
Au(111)	0.005 mol/L NaF	0.50
Au(100)	0.005 mol/L NaF	0.38
Au(110)	0.005 mol/L NaF	0.19
Pt	0.3 mol/L HF+0.12 mol/L KF	0.185
Pt	0.5 mol/L Na_2SO_4+0.005 mol/L H_2SO_4	0.16
Pd	0.05 mol/L Na_2SO_4+0.001 mol/L H_2SO_4	0.10

由于零电荷电位是一个可以测量的参数，因而在电化学中有重要的用途。首先，可以通过零电荷电位判断电极表面剩余电荷的符号和数量。如已知汞在稀 KCl 溶液中的零电荷电位为−0.19 V，那么由此可知电极电位为−0.10 V 的汞电极上带有正电荷，但比电极电位为 0.10 V 的汞电极上的剩余正电荷要少得多。

其次，电极/溶液界面的许多重要性质与电极表面剩余电荷的符号和数量有关的，因而会依赖于相对于零电荷电位的电极电位值。这些性质主要有：双电层中电位的分布、界面电容、界面张力、各种粒子在界面的吸附行为、溶液对金属电极的湿润性、气泡在金属电极上的附着、电动现象及金属与溶液间的光电现象等。其中许多性质在零电荷电位下表现出极限值，如界面张力在φ_0处达到最大值，微分电容则在φ_0处达到最小值（稀溶液），有机分子的吸附量在φ_0处达到最大值，而在$\varphi=\varphi_0$时溶液对电极的润湿性最差等。根据这些特征，有助于人们对界面性质和界面反应的深入研究。

基于上述情况，在界面结构和电极过程动力学的研究中，有时采用相对于零电荷电位的相对电极电位更为方便。它可以方便地提供电极表面荷电情况、双电层结构、界面吸附等方面的有关信息，这是氢标电位所做不到的。把以零电荷电位作为零点的电位标度称为零标，这种电位标度下的相对电极电位就叫零标电位。本章在3.4节中讨论界面结构时，所采用的双电层电位差φ_a就是零标电位。即有

$$\varphi_a = \varphi - \varphi_0 \tag{3.9}$$

式中，φ为氢标电位。

需要说明的是，用零标电位研究电化学热力学问题是不适宜的。因为研究热力学问题时需要有一个统一的参比电极电位作为零点，以便于比较与判断不同电极体系组成电池后反应进行的方向和平衡条件及计算电池电动势等。而零标电位是以每一个电极体系自己的零电荷电位作为零点的，不同的电极体系有不同的零电荷电位值。因此，不同电极体系的零标电位是不能通用，没有可比性的。

复习思考与练习题

3-1 什么是理想极化电极，什么是理想不极化电极？

3-2 试绘制电毛线曲线，分析为什么电毛细曲线上会出现界面张力最大值？

3-3 什么是电极表面剩余电荷量，其与溶液一侧剩余电荷量有何关系？

3-4 什么是微分电容曲线，它和电毛细曲线有何区别？

3-5 微分电容曲线中为何在电极电位偏离零电荷电位时出现平台区？为何$\varphi>\varphi_0$区域的平台双电层电容大于$\varphi<\varphi_0$区域的？

3-6 在讨论双电层结构时，溶液一侧离子的分布受到那些作用的影响？

3-7 什么是内紧密层，什么是外紧密层，两者区别是什么，是什么导致了这些区别？

3-8 什么是零电荷电位，为什么说零电荷电位不一定为0？

3-9 若电极 $Zn \mid ZnSO_4(a=1)$ 的双电层电容与电极电位无关，数值为 $36\ \mu F/cm^2$。已知该电极的 $\varphi_平 = -0.76\ V$，$\varphi_0 = -0.63\ V$。试求：（1）平衡电位时电极表面剩余电荷密度；（2）在电解质溶液中加入 1 mol/L 的 NaCl 后，电极表面剩余电荷密度和双电层电容会有什么变化？（3）通过一定大小的电流，使电极电位变化到 $\varphi=0.32\ V$ 时的电极表面剩余电荷密度。

3-10 画出 $Ag \mid AgNO_3(0.002 \ mol/kg)$ 电极在零电荷电位（$\varphi_0 = -0.7 \ V$）和平衡电位时的双电层结构示意图和双电层内离子浓度分布与电位分布图。

3-11 某电极的微分电容曲线如图 3.12 所示，试画出图中 φ_0、φ_1 和 φ_2 三个电位下的双电层结构示意图和电位分布图。

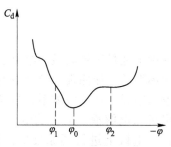

图 3.12 习题 3-11 图

4 电极过程概述

原电池、电解池和腐蚀微电池是三种典型的电化学体系。本章以图 4.1 所示的原电池为例来分析电化学体系的工作原理。整个原电池由负极电极体系、正极电极体系、电解液和外围电路组成。在负极体系，电极上自发进行氧化反应。锌负极失去电子，以 Zn^{2+} 溶出进入电解液。失去的电子进入外围电路，通过负载，然后注入正极。在正极体系，电极上进行还原反应，即电解液中的 Cu^{2+} 得到电子，并以金属铜沉积在正极表面。在电解液中，Zn^{2+}、Cu^{2+} 在电场和浓度梯度作用下向正极传输，SO_4^{2-} 向负极传输。电解液是离子导体，外围电路是电子导体，在电极/溶液界面，通过电化学反应实现两种导电方式的切换和电流回路的导通。在整个电化学体系，负极反应过程、正极反应过程和电解液离子传输过程串联进行。在稳态工作条件下，单位时间负极反应失去电子数量、正极反应消耗电子数量和电解液传输的电荷数量相等。

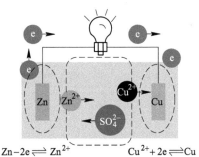

图 4.1　原电池工作原理示意图

从这个例子可以看出，整个电化学体系至少包含阳极电极过程、阴极电极过程和反应物质在溶液中的传递过程（液相传质过程）。虽然这三个过程串联进行，但它们同时在不同的区域进行，并有不同的物质变化特征，因而彼此又具有一定的独立性。由于这一特点，在研究一个电化学体系的工作原理时，通常对阴极电极体系或阳极电极体系单独进行研究，以利于清楚地了解各电极体系的动力学特征及其在电化学体系中的作用和地位。对于双电极体系，只能检测槽电压（端电压）和电流（反映电极过程进行的速度）。槽电压的变化由阴极过程、阳极过程和液相传质过程共同影响，因此无法辨别电化学体系的进行速度到底是由哪个步骤（电极过程或者液相传质过程）控制。在电化学研究实践中，通常采用如图 4.2 所示的三电极体系来单独研究其中一个电极体系。图 4.2 中锌电极做工作电极（又称研究电极），其与参比电极构成电位测试回路，电位测试回路电阻极大，因此，电位测试回路的电流很小，对电极过程的干扰可以忽略不计。电化学体系外围电路设有电流计，可以检测通过各电极体系的电流（处处相等）。因此，通过研究 Zn/溶液电极体系的电位-电流的函数关系，可以分析该电极过程的动力学特征。

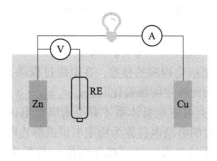

图 4.2 三电极体系示意图

由于液相传质过程不涉及物质的化学变化，而且对电化学反应过程有影响的主要是电极/溶液界面附近液层中的传质作用。因此，人们习惯把发生在电极/溶液界面上的电极反应、化学转化和界面附近液层中的传质作用等一系列变化的总和统称为电极过程。有关电极过程的历程、速度及其影响因素的研究内容就称为电极过程动力学。

当对单一电极体系（如阴极）上的电化学反应及界面附近液层中传质过程进行研究时，往往会忽略阳极过程和电解液本体中的传质过程对电极过程的影响，而这种影响常常是不可忽视的。例如，阳极反应溶解产物进入电解液，传输到阴极附近，可能会在阴极发生还原反应或干扰阴极过程；溶液本体反应物浓度及传质方式也会影响电极/溶液界面附近液相传质过程。所以，在电极过程动力学的学习与研究中，一方面要着重了解电极过程各个步骤的动力学规律，另一方面也要注意电极过程各步骤之间的相互影响、相互联系。只有把这两方面综合起来考虑，才能对电极过程动力学有全面的认识。

4.1 电极的极化现象

4.1.1 什么是电极的极化

第 2 章学习了可逆电极体系的概念。可逆电极体系（$O+ne \rightleftharpoons R$）处于热力学平衡状态，电极反应阳极方向（$R-ne \rightarrow O$）和阴极方向（$O+ne \rightarrow R$）速度相等，电荷交换和物质交换都处于动态平衡之中，净反应速度为零，电极上没有净电流通过。在平衡状态下，电极电位被称为平衡电极电位。当电极上有电流通过时，电极上有净反应发生，电极失去了原有的平衡状态。此时，电极电位将偏离平衡电位。这种有净电流通过，电极电位偏离平衡电位的现象叫作电极的极化。

实践表明，电极过程发生极化时，阴极的电极电位总是变得比平衡电位更负，阳极的电极电位总是变得比平衡电位更正。通常情况下，当电极电位向负偏离平衡电位时，称为阴极极化；向正偏离平衡电位时，称为阳极极化。在一定的电流密度下，电极电位与平衡电位的差值称为该电流密度下的过电位，用符号 η 表示。即

$$\eta = \varphi - \varphi_{\text{平}} \tag{4.1}$$

过电位 η 是表征电极极化程度的参数，在电极过程动力学中有重要的意义。习惯上取过电位为正值。因此规定阴极极化时，$\eta_c = \varphi_{\text{平}} - \varphi$；阳极极化时，$\eta_a = \varphi - \varphi_{\text{平}}$。值得注意的是，只有可逆电极体系才有平衡电极电位和过电位。对于不可逆电极体系，在电流为零时的电极电位称为稳定电位或静止电位或开路电位。有电流通过时，不可逆电极体系的电极电位（极化电位）与静止电位的差值一般称为极化值。

4.1.2 电极极化的原因

如图 4.3 所示，对于阴极电极体系，当外围电路单位时间向电极注入 n mol 电子。假设这些电子中只有 n_1 mol 通过电化学反应（O+xe→R）被消耗掉，剩余的 n_2 mol 电子则累积在电极上，导致电极一侧剩余电荷增多。在静电作用下，溶液一侧聚集的阳离子也增多，双电层结构发生改变，电极电位向负偏离平衡电极电位。由此可见，当电极体系有电流通过时，电极上产生了一对相互作用。一方面是电化学反应，它起着消耗外电路注入的电子或提供外电路抽走的电子，阻止电极上剩余电荷累积，力促电极电位维持在平衡电极电位附近，这种作用称为去极化作用。另一方面是电极上累积剩余电荷，导致电极电位进一步偏离平衡电极电位，即极化作用。电极性质的变化就取决于极化作用和去极化作用的对立统一。

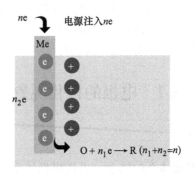

图 4.3   阴极体系围电路注入电子的去向

根据前面的分析可知，只要电极体系上存在极化作用，电极剩余电荷将进一

步累积，双电层结构改变，电极电位偏离平衡电极电位，电极发生极化或者极化程度增大。那么，为什么会发生极化现象呢？从图 4.3 可以发现，当外围电路单位时间注入的电子完全由电化学反应（$O+xe \rightarrow R$）消耗掉，$n_2 = 0$，电极上剩余电荷不变，双电层结构不变，电极电位将保持不变；类似地，对于阳极极化，当外围电路单位时间抽取的电子，完全是由电化学反应（$R-xe \rightarrow O$）提供，$n_2 = 0$，电极上的剩余电荷不变，双电层结构未发生变化，电极电位也将保持不变。所以，当电极上电化学反应净速度等于外部电路电子运动速度（外电流），电极上只存在去极化作用，不存在极化作用，电极不发生极化或极化程度不变。反之，当电极上电化学反应净速度慢于外部电路电子运动速度，电极上的剩余电荷将发生积累，双电层结构改变，电极电位将进一步偏离平衡电极电位，导致极化或极化程度增大。

实验表明，电子运动速度（外围电路电流）往往是大于电化学反应速度的，因而电化学反应通常伴随极化作用。也就是说，当有电流通过时，阴极上，由于电子注入电极的速度大，造成电子在电极上积累；阳极上，由于电子流出电极的速度大，正电荷在电极上积累（电极自身自由电子被抽走，可看成正电荷积累）。因此，阴极电位向负移动，阳极电位则向正移动，都偏离了原来的平衡状态，产生所谓"电极的极化"现象。

事实上，电极上电化学反应速度慢可能是电子转移速度慢（电化学活性低）导致的，也可能是液相传质慢导致的。下面结合实例来分析极化的产生过程。

4.1.2.1 电子转移速度慢导致极化

图 4.4 所示为 $Zn|Zn^{2+}$ 电极体系阴极极化产生示意图。图中电极反应为 $Zn^{2+}+2e \Longrightarrow Zn$，作为可逆电极，电极反应可以向阴极方向（$Zn^{2+}+2e \rightarrow Zn$）进行，同时也可向阳极方向（$Zn-2e \rightarrow Zn^{2+}$）进行。假设阴极方向反应速度为 r_1（电流形式），阳极方向反应速度为 r_2。在 t_0 时刻，电极体系处于平衡状态，电极电位为 $\varphi_{\text{平}}$，$r_1 = r_2$，净反应速度为零。在 t_1 时刻，外围电路开始注入电子（速度为 j，电流形式）。由于电子注入瞬间电极电位仍然保持在平衡电极电位，注入的电子无法通过净反应消耗掉，电子只能累积在电极上。在静电作用下，溶液一侧将富集阳离子，构成双电层，电极电位负移（发生极化）。随着电极电位偏离平衡电极电位，r_1 增大，r_2 减小，发生净还原反应（r_1-r_2）。由于此时极化程度不大，$r_1-r_2 < j$，即净还原反应只能消耗掉一部分电子，还有部分电子继续累积在电极上。在 t_2 时刻，随着电子进一步累积，双电层两侧剩余电荷量进一步增大，电极电位进一步负移，极化程度增大。r_1 进一步增大，r_2 进一步减小，净反应速度 r_1-r_2 增大。到 t_3 时刻，$r_1-r_2 = j$，即外电路注入的电子全部被电化学反应消耗掉，电极上剩余电荷量不变，双电层结构不变，电极电位保持不变，电极体系达到稳态（持续进行电化学反应）。对比 t_0 和 t_3 时刻发现，对于阴极过程，在平衡态-稳

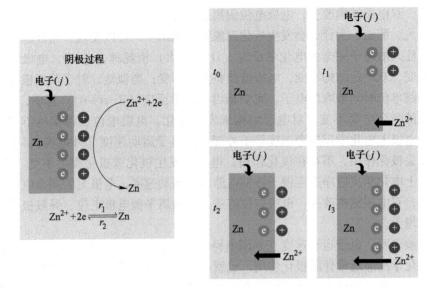

图 4.4 $Zn \mid Zn^{2+}$电极体系阴极极化产生示意图

态之间的过渡态，由于电子转移速度慢，电化学反应无法完全消耗外电路注入的电子，因此电极/溶液界面两侧剩余电荷累积，电极电位负移。

    图 4.5 所示为$Zn \mid Zn^{2+}$ 电极体系阳极极化产生示意图。图中电极反应为$Zn-2e \Longrightarrow Zn^{2+}$，假设阳极方向（$Zn-2e \rightarrow Zn^{2+}$）反应速度为$r_1$（电流形式），阴极方向（$Zn^{2+}+2e \rightarrow Zn$）反应速度为$r_2$。在$t_0$时刻，电极体系处于平衡状态，电极电位为$\varphi_\text{平}$，$r_1=r_2$，净反应速度为零。在$t_1$时刻，外电路开始抽取电子（速度为$j$，电流形式）。由于开始抽取电子瞬间电极电位仍然保持在平衡电极电位，无法通过净阳极反应提供电子，外电路只能抽取电极上的自由电子，导致电极上剩余正电荷（自由电子抽取了，剩余净正电荷，即阳离子电荷量大于自由电子电荷量）。在静电作用下，溶液一侧富集阴离子，构成双电层，电极电位正移（发生极化）。随着电极电位偏离平衡电极电位，r_1增大，r_2减小，发生净氧化反应（r_1-r_2）。由于此时极化程度不大，$r_1-r_2<j$，即净阳极反应只能提供一部分电子，外电路继续从电极抽取自由电子，电极剩余正电荷进一步增多。在t_2时刻，随着电极正电荷累积，双电层两侧剩余电荷量进一步增大，电极电位进一步正移，极化程度增大。r_1进一步增大，r_2进一步减小，r_1-r_2即净反应速度增大。到t_3时刻，$r_1-r_2=j$，即外电路抽取的电子全部由净电化学反应提供，电极上剩余电荷量不变，双电层结构不变，电极电位保持不变，电极体系达到稳态（持续进行电化学反应）。对比t_0和t_3时刻发现，对于阳极过程，在平衡态-稳态之间的过渡态，由于电子转移速度慢，电化学反应无法完全提供外电路抽取的电子，导致电极一侧累积正电荷，电极电位正移。

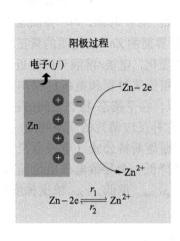 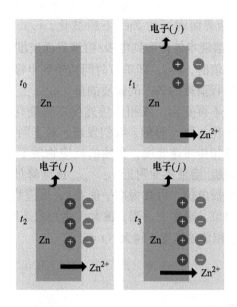

图 4.5　Zn｜Zn²⁺ 电极体系阳极极化产生示意图

4.1.2.2　液相传质速度慢导致极化

前面分析了由于电子转移速度慢（或者说电极反应活性低）导致的极化现象。事实上，对于很多电极过程，液相中反应物质传质速度慢才是电极过程的速度控制步骤。对于这些电极过程，电极反应活性较高，电极电位稍微偏离平衡电极电位即可快速发生电化学反应。然而，由于液相传质步骤速度慢，电化学反应速度潜能未能充分发挥出来。下面以图 4.6 所示的 Zn｜Zn²⁺ 电极体系为例，解释液相传质速度慢是如何导致极化的。假设电极反应为 $Zn^{2+}+2e \Longrightarrow Zn$，阴极方向（$Zn^{2+}+2e \longrightarrow Zn$）反应速度为 r_1（电流形式表示），阳极方向（$Zn-2e \longrightarrow Zn^{2+}$）反应速度为 r_2。假设在电极/溶液附近液层 Zn^{2+} 的传质速度为 v（电流形式表示）。在 t_0 时刻，电极体系处于平衡状态，电极电位为 $\varphi_平$，$r_1=r_2$，净反应速度为 0，此时电解液中锌离子浓度 $c_{Zn^{2+}}$ 处等于溶液本体浓度 $c_{Zn^{2+},bulk}$。在 t_1 时刻，外电路开始注入电子（速度为 j，电流形式表示）。由于电子注入瞬间电极电位仍然保持在平衡电极电位，注入的电子无法通过净阴极反应消耗掉，电子只能累积在电极上。在静电作用下，溶液一侧富集阳离子，形成双电层，电极电位负移（发生极化）。由于该电极过程电化学反应活性高，电极电位稍偏离平衡电极电位，电化学反应就快速进行。随着净阴极反应的发生，电极/溶液界面附近的 Zn^{2+} 首先被消耗，$c_{Zn^{2+},surface}$ 降低，电极/溶液附近 $c_{Zn^{2+},surface}<c_{Zn^{2+},bulk}$。在浓度梯度的驱动下，$Zn^{2+}$ 从溶液本体向电极/溶液界面传输。在 t_2 时刻，由于 Zn^{2+} 传质速度慢，Zn^{2+} 从

溶液本体传输到电极/溶液界面的速度跟不上净反应消耗 Zn^{2+} 的速度（$v<j$），电极/溶液界面附近的 Zn^{2+} 不断贫化，$c_{Zn^{2+}, surface}$ 进一步降低，Zn^{2+} 浓度梯度增大，Zn^{2+} 从溶液本体传输到电极/溶液界面速度 v 增大。至 t_3 时刻，Zn^{2+} 传质速度增大到某一值时，$v=j$，即单位时间传输到电极/溶液界面的 Zn^{2+} 的物质的量正好等于电极过程消耗的 Zn^{2+} 的物质的量。$c_{Zn^{2+}, surface}$ 不再变化，电极/溶液界面附近 $c_{Zn^{2+}}$ 浓度梯度不再变化，液相传质速度不再变化，液相传质过程和电极过程均达到稳态。对比 t_0 和 t_3 时刻，我们发现，对于阴极过程，在平衡态-稳态之间的过渡态，由于液相传质速度慢，传输的反应物质不足以弥补反应消耗的反应物质（$v<j$），导致电极/溶液界面附近 $c_{Zn^{2+}, surface}$ 逐渐降低。根据能斯特公式（电极电位稍偏离平衡电极电位，可视为准平衡态），反应物浓度降低，会导致电极电位偏离平衡电极电位。事实上，当 j 越大，达到稳态时，$c_{Zn^{2+}, surface}$ 越低，$c_{Zn^{2+}}$ 浓度梯度越大，Zn^{2+} 液相传输速度 v 越大（$v=j$）。

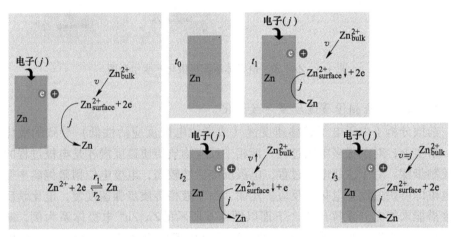

图 4.6 $Zn|Zn^{2+}$ 电极体系液相传质速度慢导致阴极极化示意图

从上面的例子可以看出，无论是电子转移速度慢，还是液相传质速度慢，都会导致电极过程速度跟不上外围电路电子的移动速度（抽取或注入电子的速度/外电流）。即电极反应无法提供外电路抽取的电子或无法消耗外电路注入的电子，使得电极上积累正电荷/电子，双电层结构改变，电极电位正移/负移，电极电位偏离平衡电位的程度增大，电极极化程度增大。对于阴极过程，极化使得电极电位负移；对于阳极过程，极化使得电极电位正移。从这个角度看，极化使得电极电位偏离平衡电极电位，消耗更多的能量，导致能量转换效率降低。然而必须看到，随着极化的产生，电极过程速度得到提升，直到与外部电流相匹配。也就是说，极化是维持电极过程持续进行的动力，使得电极过程按照设定的速度（外部电流）进行。

4.1.3 极化曲线

从前面的分析可知,对于同一电极体系,极化程度越大(过电位越大),电极过程净反应速度越大。过电位虽然是表示电极极化程度的重要参数,但一个过电位值只能表示出某一特定电流密度下电极极化的程度,而无法反映出整个电流密度范围内电极极化的规律。尤其是有些电极体系在一定电位范围内可能发生其他电化学反应、吸附、钝化等行为。为了完整而直观地认识一个电极过程的极化性能,通常需要通过实验测定过电位或电极电位随电流密度变化的关系曲线,如图4.7所示,这种曲线就叫作极化曲线。

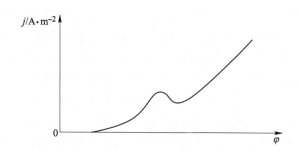

图 4.7　极化曲线

由图4.7可知,电流密度为零时的电极电位为静止电位,或者开路电位。随着电流密度的增大,电极电位逐渐向正或负偏移。这样不仅可以从极化曲线上求得任一电流密度下的过电位或极化值,而且可以了解整个电极过程中电极电位变化的趋势和比较不同电极过程的极化规律。通过比较不同条件下的电极的极化曲线,可以分析电解液成分、电极表面状态、温度、搅拌等因素对电极过程的影响。在电催化领域,常常通过比较不同催化剂表面获得的极化曲线去评估电催化剂的活性。一般地,希望电极电位稍微偏离平衡电极电位,电极反应就快速进行,这样就表明电极反应极化小,易进行。由于电化学反应涉及电子的得失,因此反应物的消耗速度或产物的生成速度与通过电极的电流之间遵守法拉第定律。假设电极反应为:

$$O + ne \rightleftharpoons R \tag{4.2}$$

按照异相化学反应速度的表示方法,该电极反应速度为

$$v = \frac{1}{S}\frac{dc}{dt} \tag{4.3}$$

式中,v 为电极反应速度;S 为电极表面的面积;c 为反应物浓度;t 为反应时间。

当电极反应达到稳定状态时，电子全部消耗于电极反应。单位时间、单位电极面积上有 v mol 的 O 被还原，消耗的电子数量为 nFv（单位为库仑）。单位时间、单位面积通过的电量即电流密度 $j = \dfrac{\mathrm{d}Q}{\mathrm{d}t \cdot S} = nFv$。因此，电极反应速度可用电流密度表示为：

$$j = nFv = nF \frac{1}{S} \frac{\mathrm{d}c}{\mathrm{d}t} \tag{4.4}$$

由此可知，稳态时的极化曲线实际上反映了电极过程速度与电极电位（或过电位）之间的特征关系。因此，在电极过程动力学研究中，测定电极过程的极化曲线是一种基本的实验方法。极化曲线上某一点的斜率 $\mathrm{d}\varphi/\mathrm{d}j$（或 $\mathrm{d}\eta/\mathrm{d}j$）称为该电流密度下的极化度。它具有电阻的量纲，有时也被称为反应电阻或极化电阻。实际工作中，有时只需评价某一电流密度范围内的平均极化性能，一定电流密度范围内的反应电阻称为平均极化度 $\Delta\varphi/\Delta j$。极化度表示了某一电流密度下电极极化程度变化的趋势，因而反映了电极过程进行的难易程度。极化度越大，电极极化的倾向也越大，电极反应速度的微小变化就会引起电极电位的明显改变。或者说，电极电位显著变化时，反应速度却变化甚微，这表明电极过程不容易进行，受到的阻力比较大。反之，极化度越小，则电极过程越容易进行。

4.2 原电池和电解池的极化图

前文都是讨论的单一电极体系的极化现象，对于常见的原电池和电解池，极化对它们有何影响呢？在讨论原电池和电解池极化现象之前需要注意到，原电池和电解池的电极极性是有区别的。如图 4.8 所示，对于原电池，比如常见的化学电源，通常将两个电极体系分别称为正极、负极。负极自发进行失电子反应，进行氧化反应，因此，又称为阳极。反之，原电池的正极进行还原反应，属于阴

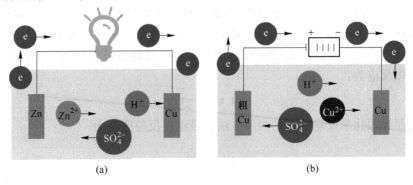

图 4.8　原电池（a）和电解池（b）电极极性

极。对于电解池，习惯上将两个电极体系分别称为阳极和阴极。在电解池中，外部电源正极相连的电极发生氧化反应，称为阳极；反之，外部电源负极相连的电极发生还原反应，称为阴极。因此发现，原电池的负极是阳极，而电解池外部电源负极连接的是阴极，两者极性不同。为了避免混淆，大家在研究原电池和电解池时，只要记住无论是原电池还是电解池，阳极均是进行氧化反应，阴极均是进行还原反应。此外，两种电化学体系中，正极的电极电位均正于负极的电极电位 $(\Delta G = -nFE = -nF(\varphi_+ - \varphi_-) < 0)$。

图 4.9 所示为原电池、电解池回路中的电压降示意图。对于原电池，阴极即正极，阳极即负极。正极标准电极电位 $(\varphi_+^{\ominus})$ 高于负极标准电极电位 $(\varphi_-^{\ominus})$，理论电池电动势为图中白色线之间差值 $(\varphi_+^{\ominus} - \varphi_-^{\ominus})$。在极化条件下（即有净电流通过回路），正极（阴极）电极电位负移，负极（阳极）电极电位正移。此外，电流通过电解质溶液和外电路，电阻的作用下会有电压降 IR。因此，在极化条件下，原电池的端电压 $V = E - (\eta_a + \eta_c) - IR$。对于电解池，阴极即负极，阳极即正极。正极标准电极电位 $(\varphi_+^{\ominus})$ 高于负极标准电极电位 $(\varphi_-^{\ominus})$，理论电池电动势为图中白色线之间差值 $(\varphi_+^{\ominus} - \varphi_-^{\ominus})$。在极化条件下（即有净电流通过回路），正极（阳极）电极电位正移，负极（阴极）电极电位负移。此外，电流通过电解质溶液和外电路，电阻的作用下会有电压降 IR。因此，在极化条件下，电解池的端电压 $V = E + (\eta_a + \eta_c) + IR$。

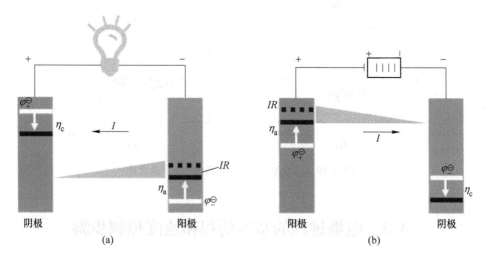

图 4.9 原电池（a）和电解池（b）电流回路电压降组成示意图

通过对比原电池和电解池的电压降分布图可以发现，对于原电池，由于极化的作用，其端电压降低，即对外提供的电压低于理论电动势，输出电能的能力减弱。对于电解池，由于极化的作用，其端电压（槽电压）高于理论电动势，导致电解过程能耗增大。从这个角度看，极化对原电池和电解池均不利。对于电解池和原电池，极化虽然恶化原电池供电能力，增大电解池电耗，但是极化是实现原电池放电、电解池工作的驱动力。

　　图4.10所示为原电池、电解池极化图。极化图由阳极极化曲线和阴极极化曲线组成。从极化图中可以清楚地看出原电池或电解池的端电压随电流密度变化的规律。在电化学研究过程中，可以利用三电极体系分别获得阴极极化曲线和阳极极化曲线。然后，将两者放到一个图里，即绘制出了极化图。但需指出，极化图只能反映出因电极极化而引起的端电压变化，反映不出溶液欧姆电压降的影响。由图4.10可以发现，随着电流密度增大，阳极极化程度增大，电位正移；阴极极化程度增大，电位负移。对于原电池，电流密度增大，端电压降低。以化学电源为例，当要大电流放电时，端电压降低，化学电源提供的电压会降低。比如，日常骑电动车时，当要加速（模拟油门加大），就会经常发现电动车的电量会降低（通常由电压来评估剩余电量）。对于电解池，电流密度增大，槽电压增大。以电解水制备氢气为例，为了单位时间获得更多的氢气，阳极析氧反应和阴极析氢反应均要加速，这个情况下，需要提供更高的过电位提供动力，以实现大电流密度下电解水制氢。

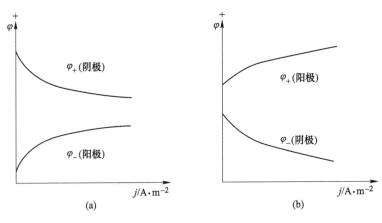

图4.10　原电池（a）和电解池（b）极化图

4.3　电极过程的基本历程和速度控制步骤

4.3.1　电极过程的基本历程

　　电极过程是指电极/溶液界面上发生的一系列变化的总和。所以，电极过程并不是一个简单的电化学反应，而是由一系列性质不同的单元步骤串联组成的复杂过程。有些情况下，除了连续进行的步骤外，还有平行进行的单元步骤存在。一般情况下，电极过程大致由下列单元步骤串联组成：

①反应粒子（离子、分子等）从溶液本体向电极/溶液界面传输，称为液相传质步骤。

②反应粒子在电极/溶液界面或界面附近液层中进行电化学反应前的某种转化过程，如反应粒子在电极表面的吸附、配合离子配位数的变化或其他化学变化。通常，这类过程的特点是没有电子参与，反应速度与电极电位无关。这一过程称为前置的表面转化步骤，或简称前置转化步骤。

③反应粒子在电极/溶液界面上得到或失去电子，进行还原反应或氧化反应。这一过程称为电子转移步骤（或电化学反应步骤，电化学反应步骤容易被误解为电化学反应过程/电极过程。因此，国际上通常称这一步骤为电子转移步骤）。

④反应产物在电极表面或表面附近液层中进行电化学反应后的转化过程。如反应产物自电极表面脱附、反应产物的复合、分解、歧化或其他化学变化。这一过程称为随后的表面转化步骤，简称后置转化步骤。

⑤反应产物生成新相，如生成气体、固相沉积层等，称为新相生成步骤。或者，反应产物是可溶性的，产物粒子自电极表面向溶液本体或液态电极内部传输，称为反应后的液相传质步骤。

上述 5 个步骤是法拉第过程可能包含的步骤。值得注意的是，电极过程除了包括含法拉第过程，还包括非法拉第过程，如图 4.11 所示。在平衡态到稳态之间的过渡态，法拉第过程消耗/提供电子速度跟不上外电路注入/抽取电子速度，那么，电极/溶液界面两侧会积累剩余电荷，进行双电层充电，这一过程即非法拉第过程。对于稳态电极过程，电极过程只包括法拉第过程，此时，双电层结构不变，电极电位稳定。法拉第过程与非法拉第过程发生在不同区域，但是两者又互相联系。法拉第过程足够快，那么非法拉第过程就会被抑制甚至消失。非法拉

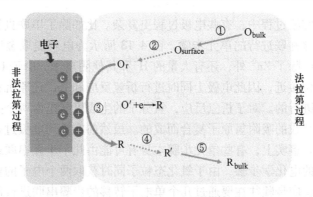

图 4.11　电极过程示意图

第过程进行时，构建双电层，电极极化增大，可以促进法拉第过程。在非稳态电极过程，法拉第过程和非法拉第过程同时进行，电极过程较为复杂。

对一个具体的电极过程来说，并不一定包含所有上述 5 个单元步骤，可能只包含其中的若干个。但是，任何电极过程都必定包括①、③、⑤三个单元步骤。图 4.12 所示为银氰配合离子在阴极还原的电极过程，它只包括①、②、③、⑤四个单元步骤：

①液相传质步骤：$Ag(CN)_{3\,bulk}^{2-} \rightarrow Ag(CN)_{3\,surface}^{2-}$

②前置转化步骤：$Ag(CN)_3^{2-} \rightarrow Ag(CN)_2^- + CN^-$

③电子转移步骤：$Ag(CN)_2^- + e \rightarrow Ag_{ad}(吸附态) + 2CN^-$

⑤生成新相或液相传质：$Ag_{ad}(吸附态) \rightarrow Ag_{lattice}(晶格)$；$CN^-(surface) \rightarrow CN^-(bulk)$

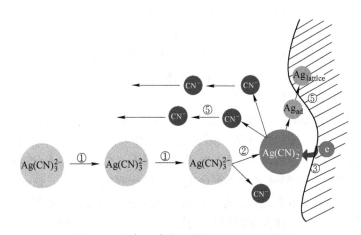

图 4.12　银氰配合离子阴极还原过程示意图

在电化学实践过程中，有些电极过程更复杂。比如除了串联进行的单元步骤外，还可能包含并联进行的单元步骤。图 4.13 所示为电积提取金属锌电极过程示意图。溶液中除了 Zn^{2+} 外，还有大量的 H^+ 和其他阴离子。由于 H^+ 的还原电位与 Zn^{2+} 沉积电位接近，因此电极上同时进行析氢反应和 Zn^{2+} 还原沉积反应，这两个反应是独立进行的。对于析氢反应，氢分子的生成可能是由两个并联进行的电子转移步骤所生成的吸附氢原子复合而成的。虽然前文提到电极过程可能由 5 个单元步骤组成。事实上，有些单元步骤本身有可能由几个步骤串联组成，如涉及多个电子转移的电化学步骤，由于氧化态粒子同时获取两个电子的概率很小，因此整个电化学反应步骤往往要通过几个单电子转移的步骤串联进行而完成。对一个具体的电极过程，必须通过实验来判断其反应历程，而不可以主观臆测。

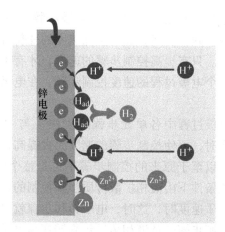

图 4.13 Zn^{2+} 电沉积时阴极过程示意图（伴随析氢副反应）

4.3.2 电极过程的速度控制步骤

电极过程由不同的单元步骤组成。在同一反应条件下（电极体系、温度、压力和电场强度等），假定其他步骤不存在时，某个单元步骤单独进行时的速度体现了该单元步骤的反应潜力，即可能达到的速度。然而，当几个单元步骤串联进行时，在稳态条件下，各单元步骤的实际进行速度应当相等。这表明，由于各单元步骤之间相互制约，串联进行时有些步骤的反应潜力并未充分发挥。那么，在这种情况下，各单元步骤进行的实际速度（即整个电极过程速度）取决于什么呢？电极过程速度将取决于各单元步骤中进行得最慢的那个步骤，即各单元步骤的速度都等于最慢步骤的速度。这一点，可用下面这个例子说明。如图 4.14 所示，5 个同学到图书馆参加义务劳动，需要把图书从推车搬运到书架上。为此，他们排成了一列，一个接一个传递书本。假设 5 个同学单独搬运图书的速度分别是 v_1，v_2，$\cdots$，v_5。显然，这些速度是个人单独搬运图书所能发挥出来的最大速度。当他们排成队伍进行搬运图书时，由于每个人搬运图书的速度潜力是不同的（$v_1 \neq v_2 \neq v_3 \neq v_4 \neq v_5$），队伍搬书的速度取决于体力最弱、传得最慢的那个同学（假设是第 2 个同学）。尽管其他同学有能力搬运得更快些，但这一潜力发挥不出来。所以，这个体能最差的学生的传书速度就控制了队伍搬书的速度，最后所有人的搬运速度都是 v_2。

图 4.14 学生排队搬运图书（个人搬运速度潜力为 v_1，v_2，$\cdots$，v_5，实际搬运速度为 v_2）

把控制整个电极过程速度的单元步骤（最慢步骤）称为电极过程的速度控制步骤，也可简称控制步骤。显然，控制步骤速度的变化规律也就成了整个电极过程速度的变化规律了。只有提高控制步骤的速度，才有可能提高整个电极过程的速度。因此，确定一个电极过程的速度控制步骤，在电极过程动力学研究中有着重要的意义。

需要说明的是，电极过程中各单元步骤的"快"与"慢"是相对的。当电极反应进行的条件改变时，可使控制步骤的速度大大提高，或者使某个其他单元步骤的速度大大降低，以至于原来的控制步骤不再是整个电极过程的最慢步骤。例如，原来在自然对流条件下由液相扩散传质步骤控制的电极过程，当采用强烈的搅拌而大大提高了传质速度时，这时，电子转移步骤就可能变成最慢步骤。这样，电极过程的速度控制步骤就从液相传质步骤转变为电子转移步骤了。

既然控制步骤决定着整个电极过程的速度，那么根据电极极化产生的原因可知，整个电极过程的速度与外围电路电子运动速度的矛盾实质上取决于控制步骤速度与外围电路电子运动速度的矛盾，电极极化的特征因而也取决于控制步骤的动力学特征。所以，习惯上常按照控制步骤的不同将电极的极化分成不同类型。根据电极过程的基本历程，把液相传质步骤为控制步骤时引起的电极极化称为浓差极化，把反应物质在电极表面得失电子的电子转移步骤（电化学反应步骤）成为控制步骤时引起的极化称为电化学极化。第 5 章和第 6 章将分别介绍浓差极化和电化学极化动力学规律。

除了浓差极化和电化学极化之外，还有因表面转化步骤（前置转化或后置转化）成为控制步骤时的电极极化，称为表面转化极化；由于生成结晶态（如金属晶体）新相时，吸附态原子进入晶格的过程（结晶过程）迟缓而成为控制步骤所引起的电极极化，称为电结晶极化等。应该说明，对于电极极化或过电位的分类，目前电化学界并无统一看法。例如，有人把扩散步骤迟缓和表面转化步骤迟缓造成电极表面附近反应粒子浓度变化所引起的电极极化统称为浓差极化；有人则把电子转移步骤及其前后的表面转化步骤为控制步骤产生的极化统称为电化学极化或活化极化等。

4.3.3 准平衡态

如图 4.15 所示，假设某一电极过程（$O+ne \Longleftrightarrow R$）由单元步骤①、③、⑤串联进行。其中，单元步骤①即液相传质步骤为控制步骤，其传质速度用电流密度表示为 j^*。在稳态工作条件下，电极过程的净速度为 j^*，此时，各单元步骤的速度均为 j^*。根据理论计算知道，假设电极过程中两个单元步骤的标准活化能若相差 16 kJ/mol，则它们在常温下的速度可相差 800 倍之多。因此，其他单元步骤可能进行的速度（潜力）要比控制步骤的速度大得多。单元步骤③为电子转移步骤。在平衡状态下，电化学反应阴极方向（O+ne→R）和阳极方向（R-ne→O）速度相等，均为 j^o。根据前面的分析，在上述例子中，$j^* \ll j^o$。在实际工作状态下，净反应速度是电化学反应阳极方向和阴极方向速度之差（假设阳极极化），即 $j^* = j_a - j_c$。$j_a > j^o$，$j_c < j^o$，由于 $j^* \ll j^o$，j_a、j_c 只要稍稍偏离 j^o 即可获得 j^* 净反应速度。因此，$j_a \approx j_c$。

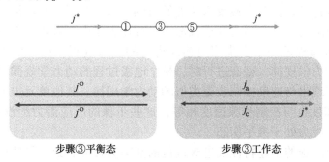

步骤③平衡态　　　　　　　步骤③工作态

图 4.15　电极过程中单元步骤①（液相传质）为控制步骤时的
步骤③（电子转移）平衡态和工作态示意图

既然电子转移步骤阴极方向（j_c）和阳极方向（j_a）的速度近似于相等，这就意味着电子转移步骤仍然接近于平衡状态。把非控制步骤这种类似于平衡的状态称为准平衡态。对准平衡态下的过程可以用热力学方法而无须用动力学方法去处理，使问题得到了简化。比如，对非控制步骤的电子转移步骤，由于处于准平衡态，就可以用能斯特方程计算电极电位；对准平衡态下的表面转化步骤，可以用吸附等温式计算吸附量等。但是必须明确，只要有电流通过电极，整个电极过程就都不再处于可逆平衡状态了，其中各单元步骤自然也不再是平衡的了。引入准平衡态的概念，仅仅是一种为简化问题而采取的近似处理方法。

4.4　电极过程的动力学特征

电极反应是在电极/溶液界面上进行、通过电子转移实现的氧化或还原反应。电极/溶液界面存在双电层和界面电场，第 3 章中已提及，界面电场中的强度可高达 10^8 V/cm，对界面上的电子转移步骤有活化作用，可大大加速电极反应的速度，电极表面起着类似于异相反应中催化剂表面的作用。所以，可以把电极反应看成是一种特殊的异相催化反应。基于电极反应的上述特点，以电极反应（电化学反应）为核心的电极过程也就具有如下一些动力学的特征。

（1）电极过程服从一般异相催化反应的动力学规律。例如，电极反应速度与界面的性质及面积有关。真实表面积的变化、活化中心的形成与毒化、表面吸附及表面化合物的形成等影响界面状态的因素对反应速度都有较大影响。又如，电极过程的速度与反应物或反应产物在电极表面附近液层的传质动力学，与新相生成（金属电结晶、气泡生成等）的动力学都有密切的关系。

（2）界面电场对电极过程进行速度有显著影响。虽然一般催化剂表面上也可能存在表面电场，但该表面电场通常不能人为地加以控制。而电极/溶液界面的界面电场不仅有强烈的催化作用，而且界面的电位差，即电极电位是可以在一定范围内、人为地连续地加以改变的。在不同的电极电位下电极反应速度不同，从而达到人为连续地控制电极反应速度的目的。这一特征正是电极过程区别于一般异相催化反应的特点，也是我们在电极过程动力学中要着重研究的规律。

（3）电极过程是一个多步骤的连续进行的复杂过程。每一个单元步骤都有自己特定的动力学规律。稳态进行时，整个电极过程的动力学规律取决于速度控制步骤，即表现出与速度控制步骤类似的动力学规律。其他单元步骤（非控制步骤）的实际速度也与控制步骤速度相等，这些步骤的反应潜力远没有充分发挥，通常可将它们视为处于准平衡态。

根据电极过程的上述特征及电极过程的基本历程可看到，虽然影响电极过程的因素多种多样，但只要抓住电极过程区别于其他过程的最基本的特征——电极电位对电极反应速度的影响，抓住电极过程中的关键环节——速度控制步骤，那么就能在繁杂的因素中，弄清楚影响电极反应速度的基本因素及其影响规律，以便使电极反应按照人们所需要的方向和速度进行。而这些，正是研究电极过程动力学的目的所在。

当电极过程处于稳态时，电极过程表现出速度控制步骤的动力学规律。因此，第5章、第6章将分别讨论液相传质步骤和电子转移步骤动力学特征。当熟悉地掌握了各类单元步骤的动力学特征，就可以根据电极过程动力学性质（实验研究）来判断电极过程的控制步骤。其次，根据不同单元步骤的动力学特征，可以确定影响控制步骤及整个电极过程速度的因素，进而有针对性地制定提升电极过程速度的方案。

复习思考与练习题

4-1　什么是电极的极化现象，电极产生极化的原因是什么？

4-2　过电位和极化值有何区别？

4-3　试举例说明阴极极化和阳极极化产生过程，并解释为什么阴极极化使电极电位负移，而阳极极化使电极电位正移？

4-4　试绘制电解池和原电池的极化图，两者有何不同？并解释两者不同的原因。

4-5　电极过程一般由哪些单元步骤组成？

4-6　什么是准平衡态，为什么会出现准平衡态？

4-7　什么是速度控制步骤，其对电极过程有何影响？

4-8　什么是电化学极化，什么是浓差极化？

4-9　电极过程动力学特征有哪些？

5 液相传质步骤动力学

电极过程由反应粒子液相传输、前置转化、电子转移、后置转化、反应产物液相传输等步骤组成。各单元步骤串联进行，速度最慢的步骤决定了整个电极过程的速度。实践表明，在上述单元步骤中，液相传质步骤一般进行得比较慢，常常成为电极过程的速度控制步骤。例如，对于大多数涉及金属溶解或金属离子沉积的电极反应，以及那些反应粒子在得失电子前后结构基本不变的反应，或是在高效电化学催化剂表面进行的反应，电子转移步骤及其他表面步骤通常进行得比较快，几乎除了热力学限制外就总是由液相传质速度决定整个电极过程速度。即使某些电极过程的电子转移步骤在平衡电极电位附近进行得比较慢，也可以通过增大极化使电子转移步骤活化能大大降低而显著提升电子转移速度，因而最后成为控制步骤的往往是液相传质步骤。

在电化学装置（电解池、化学电源）中，液相传质步骤也常是速度控制步骤。如果能提高液相传质步骤速度，就可以增大装置的反应能力、能量效率。据估算，如果反应粒子与电极表面的每次碰撞都能引发电化学反应，当溶液中反应粒子浓度为 1 mol/L 时电极反应的最大速度可能达到 10^5 A/cm^2。然而，实际电化学装置中电极的电流密度极少超过 1 A/cm^2。两者之间相差 5 个数量级，表明电极过程中电子转移步骤的速度潜力远远没有充分发挥。这是因为，当电极过程速度很快（外围电路电流很大）时，尽管电子转移步骤速度潜力很大，但是，反应粒子的液相传质速度难以跟上，限制了电极过程的速度。

当电极过程受液相传质步骤控制时，整个电极过程表现出液相传质步骤的动力学规律。研究液相传质步骤动力学的重要目的在于寻求控制这一步骤速度的方法，从而有针对性地采取措施增大液相传质步骤的速度，进而提高电极过程速度。此外，掌握液相传质过程的动力学规律还可以帮助判断电极过程控制步骤。可以利用液相传质动力学规律测定电极过程相关参数，如反应粒子的扩散系数、组分浓度、转移电子数等。

5.1 液相传质方式

在电解质溶液中，粒子（阴阳离子、中性分子、不溶悬浮颗粒）的传质方式主要有对流和扩散。在电化学体系中，两个电极带不同剩余电荷，电极之间形成电场，因此，电解液中的带电粒子（离子、胶体离子、带电颗粒）可在电场作用下发生定向迁移，这种传质方式称为电迁移。在电化学体系，电迁移也是不容忽视的传质方式之一。因此，在电极/溶液界面附近液层中粒子的传质方式主要有电迁移、对流和扩散，如图 5.1 所示。

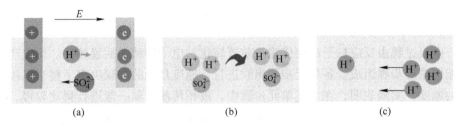

图 5.1　液相传质三种方式示意图

（a）电迁移；（b）对流；（c）扩散

5.1.1　液相传质的三种方式

5.1.1.1　电迁移

在第 1 章已经介绍过，电解质溶液中的带电粒子（离子、胶体颗粒、带电悬浮颗粒）在电场作用下沿着一定的方向移动，这种现象就叫作电迁移。电化学体系是由阴极、阳极和电解质溶液组成。当电化学体系中有电流通过时，阴极和阳极之间就会形成电场。在这个电场的作用下，电解质溶液中的阴离子就会向阳极移动，而阳离子向阴极移动。由于这种带电粒子的定向运动，电解质溶液具有导电性。值得注意的是，通过电迁移传输到电极/溶液界面附近的带电粒子，有些是参与电极反应的，有一些不参加电极反应，而只起到传导电流的作用。

传质速度一般用单位时间、单位截面积通过的所研究物质的物质的量来表示，即该物质的流量（J）。通过电迁移作用传输的某种带电粒子（i）的物质的量称为电迁移量，可以通过式（5.1）计算：

$$J_i = \pm c_i \nu_i = \pm E c_i u_i \tag{5.1}$$

式中，J_i 为带电粒子 i 的电迁流量，$\mathrm{mol}/(\mathrm{cm}^2 \cdot \mathrm{s})$；$c_i$ 为带电粒子 i 的浓度，$\mathrm{mol}/\mathrm{cm}^3$；$\nu_i$ 为带电粒子 i 的电迁移速度，cm/s；u_i 为带电粒子 i 的淌度，$\mathrm{cm}^2/(\mathrm{s} \cdot \mathrm{V})$；$E$ 为电场强度，V/cm；± 表示阳离子和阴离子运动方向不同，阳离子电迁移时用"+"，阴离子电迁移时用"−"。

由式（5.1）可见，电迁流量与带电粒子 i 的淌度成正比，与电场强度成正比，与带电粒子 i 的浓度成正比。电解液通过一定电流时，溶液中所有带电粒子的电迁移实现了电解液导电（假设忽略对流和扩散），其他离子的浓度越大，i 电迁移对导电率的贡献（迁移数）就越小，i 的电迁流量也越小。所以，对于某一电极过程，反应粒子的电迁移量还受电解液组成影响，导致电极过程动力学定量分析困难。实践过程中，通常采取添加支持电解质（惰性电解质）的方法使反应粒子电迁移量降低至可以忽略的程度。

5.1.1.2 对流

所谓对流是一部分溶液与另一部分溶液之间的相对流动。在溶液的流动过程中，溶液中的粒子被动地发生传输。引起对流的原因可能是液体各部分之间存在浓度差或温度差所引起的密度差（自然对流），也可能是外加的搅拌、曝气、超声震荡等所引起的（强制对流）。通过自然对流和强制对流作用，可以向电极/溶液界面传输反应粒子，其传质通量用对流流量来表示，i 粒子的对流流量为：

$$J_i = \nu_x c_i \tag{5.2}$$

式中，J_i 为 i 粒子的对流流量，$mol/(cm^2 \cdot s)$；c_i 为 i 粒子浓度，mol/cm^3；ν_x 为与电极表面垂直方向上的液体流速，cm/s。

5.1.1.3 扩散

当溶液中存在着某一组分的浓度差，即在不同区域内该组分的浓度不同时，该组分将自发地从浓度高的区域向浓度低的区域移动，这种液相传质运动叫作扩散。对于某一电极体系，当没有电流通过时，电解质溶液中反应粒子浓度处处相等，扩散传质可以忽略。当有电流通过电极时，由于电极反应消耗了某种反应粒子并生成了相应的产物粒子，因此就使反应粒子在电极/溶液界面的浓度低于溶液本体浓度，而产物粒子在界面的浓度高于溶液本体浓度。于是，反应粒子将向电极表面方向扩散，而产物粒子将向远离电极表面的方向扩散。

假定电极净反应为阴极反应，反应粒子是可溶的，而产物是不溶的。当电极上有电流通过时，在电极上发生电化学反应。电化学反应首先消耗电极表面附近液层中的反应粒子 i，于是该液层中反应粒子的浓度 c_i 开始降低，从而导致在垂直于电极表面的方向上产生了浓度差，或者说导致在该方向上产生了反应粒子 i 的浓度梯度 dc_i/dx。在这个扩散推动力的作用下，溶液本体中的反应粒子开始向电极表面液层扩散，扩散通量可由 Fick 第一定律，即式（5.3）计算。

$$J_i = - D_i \frac{dc_i}{dx} \tag{5.3}$$

式中，D_i 称为 i 粒子的扩散系数，也就是单位浓度梯度作用下该粒子的扩散传质速度；"-"表示扩散传质方向与浓度增大的方向正好相反。

值得注意的是，扩散通量是向量，与浓度梯度的方向一致。对于电极过程，通常关注的是垂直于电极表面的方向上的扩散行为。

5.1.2 液相传质三种方式的比较

为了加深对三种传质方式的理解，可以从以下几个方面对它们进行比较。

（1）从传质驱动力来看。电迁移传质的驱动力是电场，即带电粒子在电场力的作用下定向移动。对流传质分为自然对流传质和强制对流传质，其中，自然对流传质的驱动力是浓度差或温度差导致的密度差，导致溶液的不同部分存在着重力差，从而使得液体发生局部流动；对于强制对流来说，其驱动力主要是外作用力，如机械搅拌、超声震荡、曝气等。扩散传质的驱动力是传输粒子的浓度差，或者说是传输粒子存在浓度梯度，使得粒子自发从浓度高的区域向浓度低的区域传输。

（2）从传质对象来看。电迁移传输的物质只能是带电粒子，如电解质溶液中的阴离子、阳离子、带电胶体离子、带电悬浮颗粒等。扩散和对流传输的物质，既可以是离子，也可以是分子，甚至可能是其他形式的物质微粒。在电迁移传质和扩散传质过程中，溶质粒子与溶剂粒子之间存在着相对运动；在对流传质过程中，是溶液的一部分相对于另一部分做相对运动，溶质与溶剂一起运动，它们之间不存在明显的相对运动。

（3）从传质进行区域来看。在电化学体系中，对流、电迁移、扩散三种传质过程总是同时发生的。然而，在一定条件下、在不同区域起主要作用的往往只有其中一种或两种。例如，即使没有搅拌作用，在远离电极/溶液界面的区域（溶液本体），自然对流引起的对流传质速度往往比扩散和电迁移速度大几个数量级，因而在溶液本体扩散和电迁移传质作用可以忽略不计。然而，在电极/溶液界面附近的液层中，液体流动速度一般很小，因而起主要作用的是扩散和电迁移。

如图 5.2 所示，可将电极表面及其附近的液层大致划分为双电层区、扩散层区和对流区。从电极表面到 x_1 处，其距离为 d，这是双电层区。d 表示双电层的厚度。在此区域内，由于电极一侧剩余电子，在静电的作用下，溶液一侧阳离子的浓度 c_+ 高于阴离子浓度 c_-。在双电层区的边界处，即在 x_1 处，$c_+=c_-$，该处的反应粒子浓度用 c^s 表示。一般来说，当电解质溶液的浓度不太稀时，双电层厚度 $d=10^{-7}\sim10^{-6}$ cm，即只有零点几个纳米到几个纳米厚。在这个区域内，可以认为各种离子的浓度分布只受双电层电场的影响，而不受其他传质过程的影响，所以在讨论电极/溶液界面附近液层传质过程时，往往把 x_1 处看作是 $x=0$ 点。

从 x_1 到 x_2 的距离 δ 表示扩散层厚度。一般情况下，扩散层的厚度为 $10^{-3}\sim10^{-2}$ cm。从宏观上来看，扩散层非常接近电极表面。根据流体力学可知，由于电极对液体的黏滞力，在如此靠近电极表面的液层中，液体对流的速度很小（层流）。越靠近电极表面，对流速度越小。因此在这个区域对流传质的作用很小。当溶液中含有大量局外电解质（又称为支持电解质或惰性电解质）时，反应粒子的电迁移数很小。在许多实际的电化学体系中，电解质溶液中往往都含有大量的局外电解质，在这种情况下反应粒子的电迁移传质作用可以忽略不计。因此，

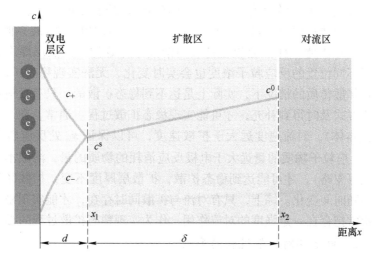

图 5.2 阴极极化时电极/溶液界面附近区域传质方式示意图

d—双电层厚度；δ—扩散层厚度；c^0—反应粒子在溶液本体浓度；

c^s—反应粒子在电极/溶液界面处浓度；c_+ 和 c_-—分别为阳离子和阴离子的浓度

可以说扩散传质是扩散层中的主要传质方式。通常所说的电极表面附近的液层，也主要指的是扩散层，以后凡不加特殊说明，都是按这种思路来处理问题。

图 5.2 中 x_2 点以外的区域称为对流区。这个区域离电极表面比较远，可以认为该区域中各种物质的浓度与溶液本体浓度相同。在一般情况下，这个区域中的对流传质作用远远大于电迁移传质作用和扩散作用，因此可将后两者忽略不计，认为在对流区主要是对流传质起作用。

5.1.3 液相传质三种方式的相互影响

在电化学装置中，电迁移、对流、扩散三种传质过程总是同时发生。尽管，在不同的区域、特定条件下，一种或者两种传质方式为主要传质方式。但是，三种传质方式并不是完全独立的，而是存在相互影响关系。在电极/溶液界面附近，最主要的传质方式是扩散传质，因此，我们下面分别讨论对流和电迁移对扩散传质的影响关系。

5.1.3.1 对流对扩散传质过程的影响

假设电极/溶液界面附近液层和溶液本体只存在扩散传质作用。当液相传质步骤是电极过程速度控制步骤时，反应粒子传输速度无法跟上电化学反应消耗反应粒子的速度。随着电极过程进行，电极/溶液界面处反应粒子浓度（c^s）不断降低。如图 5.2 所示，随着 c^s 降低，溶液本体和电极/溶液界面处反应粒子存在浓度梯度，反应粒子从溶液本体向界面扩散。c^s 越低，浓度梯度越大，扩散速度越大，直至反应粒子扩散速度等于电极反应消耗反应粒子的速度，c^s 将不再变化。然而，值得注意的是，随着反应粒子从溶液本体向电极/溶液界面传输，x_2 点（浓度与溶液本体一样）会缓慢持续向溶液本体延伸，扩散层厚度 δ 逐渐增大，扩散区不同位置的反应粒子浓度也会实时变化，无法实现稳态扩散。因此，在仅仅存在扩散传质的情况下，实际上是达不到稳态扩散的。只有反应粒子能通过其他传质方式及时得到补充，才可能实现稳态扩散过程。通常，在远离电极表面处（溶液本体），对流速度远大于扩散速度，可以保证 x_2 处反应粒子始终为 c^0（溶液中反应粒子物质的量远大于电极反应消耗的物质的量，溶液本体反应粒子浓度变化可忽略），才可能达到稳态扩散，扩散层厚度不变，扩散区处处反应粒子浓度不随时间变化。综上，只有对流与扩散同时存在，才能实现稳态扩散过程，因此常常把存在一定强度的对流作用，作为实现稳态扩散过程的必要条件。

5.1.3.2　电迁移对扩散过程的影响

当电解液中没有大量的局外电解质存在时，电迁移的作用不能忽略。此时电迁移将对扩散作用产生影响，根据具体情况不同，电迁移和扩散之间可能是互相叠加的作用，也可能是互相抵消的作用。为了便于理解，本章以仅含 $AgNO_3$ 的溶液在阴极表面附近液层中的传质过程为例进行分析。如图 5.3 所示，$AgNO_3$ 在溶液中电离成 Ag^+ 和 NO_3^-。当 Ag 电极通电以后，Ag^+ 在阴极上得到电子沉积在阴极表面。随着阴极反应进行，电极表面附近液层中的 Ag^+ 浓度降低。因此溶液本体中的 Ag^+ 将向电极表面扩散传质。由于 Ag^+ 带正电荷，Ag 电极一侧剩余电子，在电场力的作用下，Ag^+ 也将通过电迁移方式向电极表面传输。Ag^+ 电迁移和扩散的方向是一致的，因此两种传质方式是叠加的。对于 NO_3^- 离子，其虽然不参加电极反应，但在电场作用下将向阳极迁移，所以在阴极表面附近液层中的浓度也会下降。在电迁移导致的 NO_3^- 浓度梯度的作用下，NO_3^- 也会自溶液本体向阴极表面附近液层中扩散，电迁移和扩散传质作用相互抵消，经过一定时间达到稳态

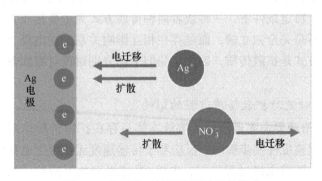

图 5.3　电迁移对扩散传质过程的影响

时，NO_3^- 在溶液中各处的浓度不再随时间而改变。凡是阳离子在阴极上还原或阴离子在阳极上氧化，反应离子的电迁移与扩散传质作用叠加，稳态电流密度增大；而阴离子在阴极上还原（如 CrO_3^- 的阴极还原）或阳离子的阳极上氧化（如 Fe^{2+} 的阳极氧化）时，反应离子的电迁移将抵消扩散传质作用，稳态电流密度减小。

5.2 稳态扩散过程

在电极过程中，对流、电迁移和扩散三种传质方式同时进行。对流主要发生在溶液本体，可以简略地认为对流-扩散是串联在一起，对流传质保证了扩散区/对流区边界上反应粒子浓度始终为本体浓度。对流传质速度远远大于电极/溶液界面附近薄液层中的扩散传质速度，对流传质步骤不可能成为控制步骤。此外，电解液中通常含有大量阴、阳离子，电迁移传输的反应粒子通量往往可以忽略。综上分析，在电极过程中，真正决定液相传质速度的通常是电极/溶液界面附近薄液层中的扩散传质。

如图 5.4 所示，假设电极上进行阴极极化，电极反应为 O+e→R。在未通电时（$t=0$），电解液中反应粒子 O 浓度处处为 c_0。通电后，外电路持续注入电子，电极电位负移，发生净阴极还原反应，O 逐渐被消耗。在 $t=5$ s 时，由于 O 的传质速度跟不上电化学反应速度，电极/溶液界面处 O 不断贫化，浓度低于 c_0，此时扩散层厚度为 δ_1。随着时间推移，在 $t=15$ s 时，电极/溶液界面处 O 浓度进一步降低，扩散层厚度也增大至 δ_2。然而，相较 $t=5$ s 时，此时反应粒子 O 的浓度梯度是增大的，O 的扩散传质速度提高。可以设想，在 $t=25$ s 时，此时浓度梯度进一步增大，当 O 的扩散传质通量等于电化学反应消耗 O 的速度，那么电极/溶液界面处 O 浓度将保持不变，扩散层厚度也不再变化，反应粒子 O 的浓度分布曲线（浓度随时间、距离 x 的变化曲线）不变，扩散传质速度不变。此时，扩散过程即达到了稳态。

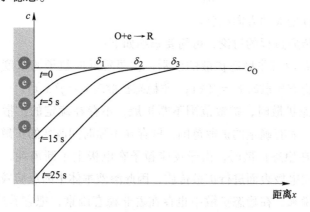

图 5.4 电极/溶液界面附近液层中反应粒子 O 的浓度分布曲线

由图 5.4 可见，在 $t < 25$ s 时间范围内，扩散层中各点的反应粒子浓度是时间和距离的函数，即

$$c_i = f(x, t) \tag{5.4}$$

这种反应粒子浓度随 x 和 t 不断变化的扩散过程，是一种不稳定的扩散传质过程。这个阶段内的扩散称为非稳态扩散或暂态扩散。由于非稳态扩散中，反应粒子的浓度是 x 与 t 的函数，问题比较复杂一些，将在 5.4 节中进行专门讨论。

如果随着时间的推移，浓度梯度增大，扩散的速度不断提高，有可能使扩散补充过来的反应粒子数与电化学反应所消耗的反应粒子数相等，此时达到一种动态平衡状态，即扩散速度与电化学反应速度相等，反应粒子在扩散层中各点的浓度分布不再随时间变化而变化，而仅仅是距离的函数，即

$$c_i = f(x) \tag{5.5}$$

这时，存在浓度差的范围即扩散层的厚度不再变化，i 离子的浓度梯度是一个常数。在扩散的这个阶段中，虽然电化学反应和扩散传质过程都在进行，但两者的速度恒定并且相等，整个过程处于稳定状态。这个阶段的扩散过程就称为稳态扩散。

在稳态扩散中，通过扩散传质输送到电极表面的反应粒子恰好补偿了电化学反应所消耗的反应粒子，其扩散流量可由菲克（Fick）第一定律来计算，即

$$J_i = -D_i c \frac{\mathrm{d}c_i}{\mathrm{d}x} \tag{5.6}$$

式中，J_i 为 i 离子的扩散流量，$\mathrm{mol/(cm^2 \cdot s)}$；$D_i$ 为 i 离子的扩散系数，即浓度梯度为 1 时的扩散流量，$\mathrm{cm^2/s}$；$\frac{\mathrm{d}c_i}{\mathrm{d}x}$ 为 i 离子的浓度梯度，$\mathrm{mol/cm^4}$；"$-$" 表示扩散传质方向与浓度增大的方向相反。

对于扩散传质过程的讨论，可简要归纳如下：

（1）稳态扩散与非稳态扩散的区别，主要看反应粒子的浓度分布是否为时间的函数，即稳态扩散时 $c_i = f(x)$；非稳态扩散时 $c_i = f(x, t)$。

（2）非稳态扩散时，扩散范围不断扩展，不存在确定的扩散层厚度；只有在稳态扩散时，才有确定的扩散范围，即存在不随时间改变的扩散层厚度。

（3）即使在稳态扩散时，由于反应粒子在电极上不断消耗，溶液本体中的反应粒子不断向电极表面进行扩散传质，因此溶液本体中的反应粒子浓度也在不断下降，严格说来，在稳态扩散中也存在着非稳态因素，把它看成是稳态扩散，只是人们为讨论问题方便而作的近似处理。

5.2.1 理想条件下的稳态扩散

在远离电极/溶液界面的溶液本体中，传质过程主要依靠对流作用来实现，而在电极/溶液界面附近，起主要作用的是扩散传质。在一般情况下，很难严格区分这两种传质过程的作用区域，因为总是存在一段两种传质方式叠加的过渡区域。为了能简便地研究单纯扩散传质过程的动力学规律，人为地设计了一种理想的实验装置，使扩散传质区和对流传质区可以截然划分。与此同时，电解液中添加大量惰性电解质，可以忽略电迁移传质作用。研究理想条件下稳态扩散的装置如图 5.5 所示。该装置是一个特殊设计的电解池。电解池由右侧的大容器和左侧长度为 l 的毛细管组成的。大容器中的溶液为 $AgNO_3$ 和大量 KCl 的混合溶液。电解池的阴极为银电极，其工作面积大小与毛细管横截面积相同，而阳极为铂电极，在大容器中设有机械搅拌器。

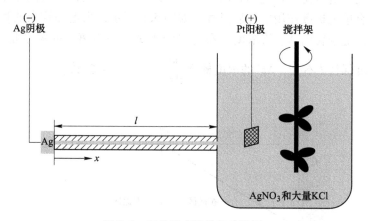

图 5.5 理想稳态扩散实验装置

5.2.1.1 理想稳态扩散的实现

该电解池在工作时，银电极上进行 Ag^+ 的阴极还原沉积。即电解质 $AgNO_3$ 电离出来的 Ag^+ 可不断地在银电极上还原沉积出来。大量的局外电解质 KCl，可以离解出大量 K^+，而 K^+ 是不在阴极上发生还原反应的。因此，在液相传质过程中，Ag^+ 的电迁流量很小，可以忽略不计。

在大容器中的搅拌器可以产生强烈的搅拌作用，从而使电解液产生强烈的对流作用，可使 Ag^+ 均匀分布。也就是说，Ag^+ 在大容器中各处的浓度均为 $c_{Ag^+}^0$。而毛细管内径相对大容器很小，可以认为搅拌作用对毛细管内的溶液无影响，即对流传质作用不能发展到毛细管中，在毛细管中只有扩散传质才起作用。因此，可以得到截然分开的扩散区和对流区。

Ag^+ 在毛细管一端的银阴极上放电。因为大容器的容积远远大于毛细管的容积，所以当通电时间不太长时，阴极还原消耗的 Ag^+ 相对大容器中的 Ag^+ 的物质的量可以忽略不计，可以认为大容器中的 Ag^+ 浓度保持为 $c_{Ag^+}^0$。当电解池通电以后，在阴极上有 Ag^+ 放电，在电极表面附近液层中 Ag^+ 浓度开始下降，由原来的 $c_{Ag^+}^0$ 变为 $c_{Ag^+}^s$，$c_{Ag^+}^s$ 即表示电极/溶液界面 Ag^+ 浓度。随着通电时间的延长，浓度梯度区域逐渐向溶液深处发展。当浓度梯度区域发展到 $x = l$ 处，即发展到毛细管与大容器相接处时，由于对流作用，使该点的 Ag^+ 浓度始终等于大容器中的 Ag^+ 浓度 $c_{Ag^+}^0$，即 Ag^+ 可以由此向毛细管内扩散，以便及时补充电极反应所消耗的 Ag^+。此时，扩散层厚度保持为 l，Ag^+ 的浓度梯度就被限定在毛细管内。如果扩散电流仍然小于外部电流，则 Ag^+ 表面浓度将继续降低，直至两者相等，达到稳态扩散状态。

5.2.1.2　理想稳态扩散的动力学规律

由上述分析可见，在毛细管内，由于可以不考虑电迁移和对流作用，从而可以实现只有单纯扩散作用的传质过程。如图 5.6 所示，当毛细管内的扩散过程达到稳态时，毛细管内 Ag^+ 的浓度分布与时间无关，与距离 x 的关系是线性关系，扩散层厚度保持 l 不变，Ag^+ 的浓度梯度 $\dfrac{dc}{dx} = \dfrac{c^0 - c^s}{l} = $ 常数。

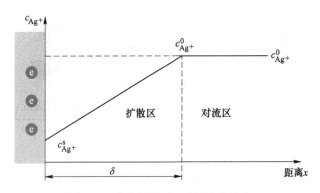

图 5.6　稳态扩散时 Ag^+ 的浓度分布

根据菲克第一定律，Ag^+ 的理想稳态扩散通量为：

$$J_{Ag^+} = - D_{Ag^+} \frac{dc_{Ag^+}}{dx} = - D_{Ag^+} \frac{c_{Ag^+}^s - c_{Ag^+}^0}{l} \tag{5.7}$$

若扩散步骤为控制步骤时，整个电极过程速度就由扩散速度来决定，因此可以用电流密度来表示扩散传质速度。在讨论具体电极过程时，我们不用过于纠结符号，可以根据描述需要确定一个方向为正。

$$j = nFJ_{Ag^+} = nFD_{Ag^+} \frac{c_{Ag^+}^0 - c_{Ag^+}^s}{l} \tag{5.8}$$

式（5.8）可以扩展为一般形式。假设电极反应为 $O+ne \rightleftharpoons R$，则稳态扩散的电流密度为

$$j = nFJ_i = nFD_i \frac{c_i^0 - c_i^s}{l} \tag{5.9}$$

i 粒子为反应物 O。在电解池通电之前，$j = 0$，$c_i^s = c_i^0$。当通电以后，电极表面反应粒子浓度 c_i^s 下降，产生 i 粒子浓度梯度，引发扩散传质。随着 c_i^s 降低，i 粒子浓度梯度增大，扩散传质速度也提高。当 $c_i^s = 0$ 时，即电极/溶液界面处反应粒子浓度为零，则反应粒子的浓度梯度达到最大值，扩散速度也最大，此时的扩散电流密度为：

$$j_d = nFD_i \frac{c_i^0}{l} \tag{5.10}$$

式中，j_d 称为极限扩散电流密度。这时的浓差极化就称为完全浓差极化。

将式（5.10）代入式（5.9）中，可得

$$j = j_d \left(1 - \frac{c_i^s}{c_i^0} \right) \tag{5.11}$$

$$c_i^s = c_i^0 \left(1 - \frac{j}{j_d} \right) \tag{5.12}$$

从式（5.12）可以看出，若 $j > j_d$，则 $c_i^s < 0$，这当然是不可能的。这就进一步证实，j_d 就是理想稳态扩散过程的极限扩散电流密度。当出现 j_d 时，扩散速度达到了最大值，电极表面附近反应粒子浓度为零，扩散过来一个反应粒子，立刻被电极反应消耗掉了。出现 j_d 是稳态扩散过程的重要特征。以后还要讲到，可以根据是否有极限扩散电流密度的出现，来判断整个电极过程是否由扩散步骤来控制。试想，如果一个电极过程外电路电流非常大，大于极限扩散电流，那么当电极表面反应粒子浓度贫化降到为零时电极过程速度仍然小于外电路电流，电极的极化程度会继续增大，直到引发副反应，增大电化学反应电流。

5.2.2 真实条件下的稳态扩散过程

Nernst 曾经假定，在电极表面附近存在一层"静止的"液体，其厚度 δ 随着溶液中的对流强度的加剧而减小。在 $x \leq \delta$ 的静止液层内部，只存在扩散传质作用；而在 $x > \delta$ 的区域，对流作用较强，不会出现浓度梯度。这种假说可以用来定性地解释搅拌对液相传质速度的影响及极化曲线的形式。然而，研究表明，根据实验获得的极限扩散电流密度测算，当不搅拌溶液时，δ 的有效值为 $(1 \sim 5) \times 10^{-2}$ cm。当电极上有大量气泡析出，δ 可减少约一个数量级。即使很猛烈地搅拌溶液，一般情况下 δ 也大于 10^{-4} cm，相当于几千个分子层的厚度。目前可以直观地观察到在距离电极表面仅约 10^{-5} cm 处的液流运动，直接证明了所谓的静止液层的概念与实际情况不相符。

从上面的讨论已经知道，如果液相中只出现扩散传质过程，电极/溶液界面附近液相传质过程不可能达到稳态。一定强度的对流的存在，是实现稳态扩散的必要条件。在理想稳态扩散装置中，正是因为有了对流作用，才能保证毛细管/大容器界面处反应粒子浓度始终保持与溶液主体浓度一样，从而使得扩散层有固定的厚度、浓度梯度，进而实现稳态扩散。在真实的电化学体系中，也总是有对流作用的存在，并与扩散作用重叠在一起。所以真实体系中的稳态扩散过程，严格来说是一种对流作用下的稳态扩散过程，或可以称为对流扩散过程，而不是单纯的扩散过程。

在理想条件下，人为地将扩散区与对流区分开了。但在真实的电化学体系中，扩散区与对流区是互相重叠，没有明确界限的。因此，真实体系中的稳态扩散有与理想稳态扩散相同的一面，即在扩散层内都是以扩散作用为主的传质过程，两者具有类似的扩散动力学规律。两者又有不同的一面，即在理想稳态扩散条件下，扩散层有确定的厚度；而在真实体系中，由于对流作用与扩散作用的重叠，只能根据一定的理论来近似地求得扩散层的有效厚度。因此，由5.2.1节理想条件下的稳态扩散过渡到真实条件下的稳态扩散过程，首先需要解决的问题是，如何处理"扩散层厚度"的概念。

对流扩散又可分为两种情况，一种是自然对流条件下的稳态扩散，另一种是强制对流条件下的稳态扩散。由于很难确定自然对流的流速，因此对自然对流下的稳态扩散做定量的讨论很困难。本章只讨论在强制对流条件下的稳态扩散过程。为了定量地解决强制对流条件下的稳态扩散动力学问题，列维契等人由流体动力学的基本方程出发，成功地处理了异相界面附近的液流现象及与此联系的传质过程，使我们对电极表面附近的液相传质过程有了更深刻的理解。由于这些理论的数学推导过于复杂，本书主要介绍主要结论。

5.2.2.1　平面电极表面附近的液流现象及传质作用

图5.7（a）所示为常见的电化学装置示意图。假设电极为典型的平面电极，处于由机械搅拌作用而产生的强制对流中。如果液流方向与电极表面平行，垂直纸面向里。当流速不太大时，该液层处于层流，设冲击点为 y_0 点，液流的切向流速为 u_0。在符合上述条件的层流中，由于在电极表面附近液体的流动受到电极表面的阻滞作用（这种阻滞作用可理解为摩擦阻力，在流体力学中称为动力黏滞），因此靠近电极表面的液流速度减小，而且离电极表面越近，液流流速 u_y 就越小。图5.7（b）所示为电极附近液层中液体流动速度分布图。由图可见，在电极表面即 $x=0$ 处，$u_y=0$。而在远离电极表面的区域，电极表面的阻滞作用消失，液流流速为 u_0。我们把存在液体流速梯度的区域（$u_y=0$ 到 $u_y=u_0$）叫作"边界层"，其厚度以 δ_B 表示。δ_B 的大小与电极的几何形状和流体动力学条件有关。

$$\delta_{B} \approx \sqrt{\frac{\nu y}{u_0}} \tag{5.13}$$

式中，u_0 为液流的切向初速度；ν 为动力黏滞系数，又称为动力黏度系数，$\nu = \dfrac{\text{黏度}\,\eta}{\text{密度}\,\rho}$；$y$ 为电极表面上某点距冲击点 y_0 的距离。

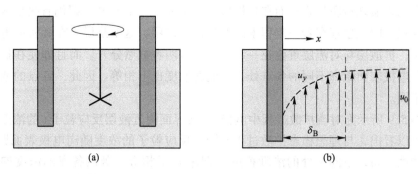

图 5.7   电化学体系电极与机械搅拌示意图（a）和电极附近液流速度分布图（b）

由式（5.13）可以看出，电极表面上各点处的 δ_B 的厚度是不同的，离冲击点越近，则 δ_B 的厚度越小，而离冲击点越远，则 δ_B 的厚度越大。此外，根据扩散传质理论，在紧靠电极表面附近有一很薄的液层。在该液层中存在着反应粒子的浓度梯度，因此存在着反应粒子的扩散作用。这一薄液层被称为"扩散层"，其厚度以 δ 表示。扩散层与边界层的关系，如图 5.8 所示。从图 5.8 可见，扩散层包含在边界层之内。但值得注意的是，扩散层与边界层是完全不同的概念。在边界层中，存在着液流流速的速度梯度，可以实现动量的传递，动量传递的大小取决于溶液的动力黏度系数 ν；而在扩散层中，则存在着反应粒子的浓度梯度，在此层内能实现物质的传递，物质传递的多少取决于反应粒子的扩散系数 D_i。一

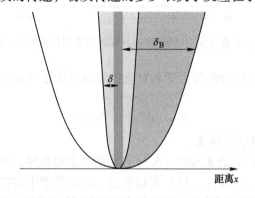

图 5.8 电极表面附近液体中边界层和扩散层示意图

一般来说，ν 和 D_i 在数值上差别很大，例如在水溶液中，一般 $\nu = 10^{-2}$ cm^2/s，而 $D_i = 10^{-5}$ cm^2/s，相差 3 个数量级。这就说明，动量的传递要比物质的传递容易得多。因此，δ_B 也就比 δ 要大得多。

5.2.2.2　扩散层的有效厚度

由上述讨论可知，在扩散层以外的边界层中（$\delta < x < \delta_B$），完全依靠切向对流作用来实现传质过程；而在扩散层内（$x < \delta$），$u \neq 0$，即仍有很小速度的对流存在，因此也存在着一定程度的对流传质作用。这就是说，在真实的电化学体系中，扩散层与对流层重叠在一起，不能将两者截然分开。而且即使在扩散层中，距电极表面距离不同的各点处，对流的速度也不相等。因此，各点的浓度梯度也不同。

图 5.9 所示为对流扩散过程中电极/溶液界面附近液层反应粒子 i 的浓度分布图。可以看出，与理想稳态扩散过程不同，反应粒子的浓度随离电极表面距离 x 不呈线性分布，不同 x 处的浓度梯度（斜率）不相等。既然各点的浓度梯度不同，而且扩散层的边界也不明确，那么扩散层的厚度如何计算呢？在这种情况下，通常是作近似处理。尽管 $x < \delta$ 区域 $u \neq 0$，但是 $x = 0$ 处，不存在对流传质作用，还是可以根据 $x = 0$ 处的浓度梯度来计算扩散层厚度的有效值 δ_i：

$$\delta_i = \frac{c_i^0 - c_i^s}{(\mathrm{d}c_i/\mathrm{d}x)x = 0} \tag{5.14}$$

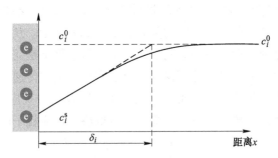

图 5.9　对流扩散过程中电极/溶液界面附近液层反应粒子 i 的浓度分布

此外也可以通过结合流体力学和对流扩散理论推导出对流扩散层的厚度计算公式：

$$\delta \approx D_i^{1/3} \nu^{1/6} y^{1/2} u_0^{-1/2} \tag{5.15}$$

式中，δ 为对流扩散层的厚度。

按式（5.15）计算的 δ 与式（5.14）中的 δ 大致相等，所以 $\delta_{有效}$ 中已包含了对流对扩散的影响。从式（5.15）可以看出，对流扩散中的扩散层厚度 δ 与理想扩散中的扩散层厚度 δ 不同，它不仅与离子的扩散运动特性 D_i 有关，而且还与电极的几何形状（距 y_0 的距离 y）及流体动力学条件（u_0 和 ν）有关。这就说明，在扩散层 δ 中的传质运动，确实受到了对流作用的影响。此外，从式（5.15）与式（5.13）的对比中还可以看出，扩散层厚度 δ 与边界层厚度 δ_B 也不同，δ_B 只与 y，u_0 和 ν 有关，而 δ 除与上述三个因素有关之外，还与 D_i 有关。在对流扩散的扩散层中，既有扩散传质作用，也有对流传质作用，这与理想条件下的稳态扩散是完全不相同的。

5.2.2.3 对流扩散的动力学规律

将对流扩散层的厚度计算公式（5.15）代入理想稳态扩散动力学公式（5.9）和式（5.10）中，就可以得到对流扩散动力学的基本规律，即

$$j = nFD_i \frac{c_i^0 - c_i^s}{\sigma} \approx nFD_i^{2/3}\nu^{-1/6}y^{-1/2}u_0^{1/2}(c_i^0 - c_i^s) \tag{5.16}$$

$$j_d = nFD_i \frac{c_i^0}{\sigma} \approx nFD_i^{2/3}\nu^{-1/6}y^{-1/2}u_0^{1/2}c_i^0 \tag{5.17}$$

从式（5.16）和式（5.17）可以看出，与理想稳态扩散相比，对流扩散电流 j 不是与扩散系数 D_i 成正比，而是与 $D_i^{2/3}$ 成正比。这说明，由于扩散层中有一定强度的对流存在，因此对流扩散电流 j 受扩散系数 D_i 的影响相对减小了，而增加了受对流传质的影响因素。此外，j 和 j_d 的计算公式均包含 y 项，表示电极表面上各区域所受到的搅拌作用均不相同，电极表面不同位置的对流扩散层厚度、电流密度分布不均匀。在电化学研究过程中，力图避免电流密度分布不均匀的现象，因为这意味着电极表面上各处的极化情况不同，数据处理变得更复杂。

5.2.3 旋转圆盘电极

从对流扩散理论可以看出，电极表面上各处受到的搅拌作用的影响并不均匀，从而使电极表面上的对流扩散层厚度、电流密度分布、极化程度也不均匀。这样，在电极表面上的每一区域的"反应潜力"就可能得不到充分的利用，同时又可能引起反应产物分布的不均匀，从而给电化学领域的研究和生产带来许多问题。为了使电极表面各处受到均匀的搅拌作用，从而使电极表面各处的电流密度均匀分布，人们设计了一种理想的搅拌方式。采用这种搅拌方式的电极，就是旋转圆盘电极。如图 5.10 所示，常见的圆盘电极可以是金属、Pt 或玻碳。电极通过铜导杆与导电螺口连接，圆盘和铜导杆均由 PTFE 或 PEEK 材料绝缘封装。旋转圆盘电极以螺纹连接方式固定在旋转装置的旋转杆上。

如图 5.11 所示，在电机的带动下，旋转圆盘电极以垂直于圆盘中心的轴转动。与圆盘中心相接触的溶液被旋转离心力甩向圆盘边缘，圆盘中心附近形成负压，于是溶液从圆盘中心底部向上流动，对圆盘中心进行冲击。当溶液上升到与圆盘接近时，又被离心力甩向圆盘边缘。这样，在由电极旋转而产生的液体对流

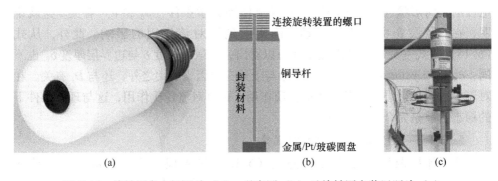

连接旋转装置的螺口

铜导杆

封装材料

金属/Pt/玻碳圆盘

(a)　　　　　　　　(b)　　　　　　　　(c)

图 5.10　旋转圆盘电极照片（a）、示意图（b）及旋转圆盘装置照片（c）

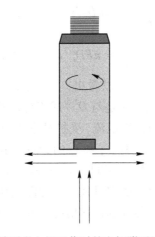

图 5.11　旋转圆盘电极工作时的电极附近液体流动示意图

中，对流的冲击点 y_0 就是圆盘的中心点。旋转过程中圆盘上每个点的角速度都一样，从圆盘中心（y_0）到圆盘边缘（y 值越大），每个点的线速度变大，液体被甩出去速度加快，扩散层厚度越来越薄；由于圆盘中心是对流冲击中心，从圆盘中心（y_0）到圆盘边缘（y 值越大），冲击速度减小，扩散层厚度越来越厚。两个作用一抵消，就会发现圆盘电极表面各点的扩散层厚度相等（具体数学推导可参考其他书籍），电流分布均匀。

　　如果旋转圆盘电极的转速为 $n_0(\mathrm{r/s})$，则旋转圆盘电极的角速度为 $\omega = 2\pi n_0$。根据流体力学理论，通过数学计算可以得到扩散层厚度 δ 的表达式，即

$$\delta = 1.62 D_i^{1/3} \nu^{1/6} \omega^{-1/2} \tag{5.18}$$

$$j = 0.62 n F D_i^{2/3} \nu^{-1/6} \omega^{1/2} (c_i^0 - c_i^s) \tag{5.19}$$

$$j_d = 0.62 n F D_i^{2/3} \nu^{-1/6} \omega^{1/2} c_i^0 \tag{5.20}$$

　　式（5.19）和式（5.20）就是旋转圆盘电极表面附近液层扩散动力学的公式。上述公式只适用于有大量局外电解质存在时的电解质溶液。

5.3 浓差极化的规律和浓差极化的判别方法

当电极过程由液相传质的扩散步骤控制时，电极所产生的极化就是浓差极化。前面已经介绍了理想条件和真实条件下的稳态扩散过程，得到了单纯稳态扩散过程和稳态对流扩散过程的扩散电流密度（j）和极限扩散电流密度（j_d）的计算公式。从这些计算公式可以清楚地看到影响电流密度的因素，进而可以有针对性地采取措施提升电极过程速度，提高电化学装置的性能。然而，在电极过程动力学研究中，最容易检测的是电极过程的电流密度（反映电极过程进行速度）和电极电位（极化程度）。因此更关注电极过程的电极电位与电流密度之间的函数关系，即动力学方程。本节将介绍浓差极化的规律，求算浓差极化动力学方程并讨论浓差极化曲线的特征。根据这些动力学规律就可以正确地判断电极过程是否由扩散步骤控制，进而研究如何有效地利用这类电极过程来为科研和生产服务。

5.3.1 浓差极化的规律

以下列简单的阴极反应为例，并在电解液中加入大量局外电解质，从而可以忽略反应粒子电迁移作用的影响：

$$O + ne \rightleftharpoons R$$

式中，O 为氧化态物质，即反应粒子；R 为还原态物质，即反应产物；n 为参加反应的电子数。

为了简便起见，O 和 R 的化学计量数均为 1。由于扩散步骤是电极过程的控制步骤，因此，可以认为电子转移步骤进行得足够快，其平衡状态基本上未遭到破坏，处于准平衡态，因此，电极电位可借用能斯特方程式来计算，即

$$\varphi = \varphi^\ominus + \frac{RT}{nF}\ln\frac{\gamma_O c_O^s}{\gamma_R c_R^s} \tag{5.21}$$

式中，γ_O 为反应粒子 O 在 c_O^s 浓度下的活度系数；γ_R 为反应产物 R 在 c_R^s 浓度下的活度系数；c_O^s、c_R^s 分别为电极表面 O 和 R 的浓度；φ、$\varphi^\ominus$ 分别为电极电位（通电情况下）、标准电极电位。如果假定活度系数 γ_O 和 γ_R 不随浓度而变化，则在通电以前的平衡电位可表示为：

$$\varphi_{\Psi} = \varphi^\ominus + \frac{RT}{nF}\ln\frac{\gamma_O c_O^0}{\gamma_R c_R^0} \tag{5.22}$$

下面分两种情况分析浓差极化的规律。

5.3.1.1 当反应产物为独立相时

对于析氢、析氧、金属电沉积等电极过程，阴极反应产物为气泡或固体沉积

物等独立相，这些产物不溶于电解液，也就不用考虑产物扩散的问题了。在这种情况下，可以认为

$$\gamma_R c_R^0 = 1 \qquad (5.23)$$

$$\gamma_R c_R^s = 1 \qquad (5.24)$$

也就是说，当产物为独立相时，通电前后反应产物活度均为 1，于是式（5.21）和式（5.22）可以简化为

$$\varphi = \varphi^\ominus + \frac{RT}{nF}\ln\gamma_O c_O^s \qquad (5.25)$$

$$\varphi_平 = \varphi^\ominus + \frac{RT}{nF}\ln\gamma_O c_O^0 \qquad (5.26)$$

由式（5.12）可以得到

$$c_O^s = c_O^0\left(1 - \frac{j}{j_d}\right) \qquad (5.27)$$

将式（5.27）代入式（5.25）中，可以得到

$$\varphi = \varphi^\ominus + \frac{RT}{nF}\ln\gamma_O c_O^0 + \frac{RT}{nF}\ln\left(1 - \frac{j}{j_d}\right)$$

$$= \varphi_平 + \frac{RT}{nF}\ln\left(1 - \frac{j}{j_d}\right) \qquad (5.28)$$

由此可以得到浓差极化的极化值 $\Delta\varphi$，即

$$\Delta\varphi = \varphi - \varphi_平 = \frac{RT}{nF}\ln\left(1 - \frac{j}{j_d}\right) \qquad (5.29)$$

式（5.28）和式（5.29）为当产物是独立相时浓差极化的动力学方程，即表示浓差极化的极化值与电流密度之间关系的方程式。浓差极化的极化值 $\Delta\varphi$ 有时又称为扩散超电势。

图 5.12 给出了 φ 对 j 和 $\ln\left(1 - \frac{j}{j_d}\right)$ 的曲线。由 φ-j 曲线可以发现，当电极发生阴极浓差极化时，电极电位负移到一定程度时，电流密度不再随电位负移而增大。此时，电极过程速度达到最大值，为 j_d，即极限扩散电流密度。电极过程完全取决于扩散过程的传质速度，与电极极化程度（$\Delta\varphi$）无关。由 φ 与 $\ln\left(1 - \frac{j}{j_d}\right)$ 关系图可发现，两者呈线性关系，斜率为 $\frac{RT}{nF}$。通过作图得出直线的斜率，则可由其求得参加反应的电子数 n。这些就是当产物为独立相时浓差极化的动力学特征。

5.3.1.2 当反应产物可溶时

有时，阴极电极反应的产物可溶于电解液，或者生成汞齐，即反应产物是可溶的。例如 $Pt\,|\,(Fe^{3+}, Fe^{2+})$ 电极体系，Fe^{3+} 在 Pt 电极上得到电子还原成 Fe^{2+}，

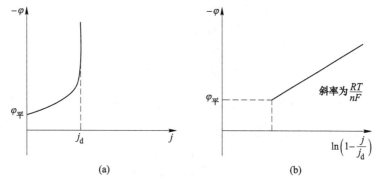

图 5.12　产物为独立相时浓差极化过程 $\varphi\text{-}j$（a）和 $\varphi\text{-}\ln\left(1-\dfrac{j}{j_d}\right)$（b）的关系

这时，产物活度不为 1。即 $\gamma_R c_R^s \neq 1$，因此，要想求得浓差极化方程式，应首先知道反应产物在电极表面附近的浓度 c_R^s 是多少。

反应产物生成的速度与反应物消耗的速度，用电流密度表示速度时两者是相等的。而产物的扩散流失速度为 $\pm D_R\left(\dfrac{\partial c}{\partial x}\right)_{x=0}$，其中产物向电极内部扩散（生成汞齐）时用正号，产物向溶液中扩散时用负号。显然，假设产物处于在理想条件下稳态扩散，产物在电极表面的生成速度应等于其扩散流失速度，于是有

$$j = nFD_R\left(\frac{c_R^s - c_R^0}{\delta_R}\right) \tag{5.30}$$

变形可得

$$c_R^s = c_R^0 + \frac{j\delta_R}{nFD_R} \tag{5.31}$$

若反应开始前溶液中不存在还原态产物 R，也不考虑电极反应在溶液或电极内部引起反应产物积累，即产物浓度 $c_R^0 = 0$，所以可将式（5.31）写成

$$c_R^s = \frac{j\delta_R}{nFD_R} \tag{5.32}$$

对于反应物 O 有，$j_d = nFD_O\dfrac{c_O^0}{\delta_O}$，用 δ_O 表示 O 的扩散层厚度，变形可得

$$c_O^0 = \frac{j_d\delta_O}{nFD_O} \tag{5.33}$$

同时，由式（5.12）有

$$c_O^s = c_O^0\left(1 - \frac{j}{j_d}\right) \tag{5.34}$$

将式（5.31）、式（5.33）和式（5.34）代入式（5.21）中，可以得到

$$\varphi = \varphi^{\ominus} + \frac{RT}{nF}\ln\frac{\gamma_0 c_0^s}{\gamma_R c_R^s}$$

$$= \varphi^0 + \frac{RT}{nF}\ln\frac{\gamma_0 \delta_0 D_R}{\gamma_R \delta_R D_0} + \frac{RT}{nF}\ln\frac{j_d - j}{j} \tag{5.35}$$

当 $j = \frac{1}{2}j_d$ 时，式（5.35）右边最后一项为零，这种条件下的电极电位，就叫作半波电位，通常以 $\varphi_{1/2}$ 表示，即

$$\varphi_{1/2} = \varphi^{\ominus} + \frac{RT}{nF}\ln\frac{\gamma_0 \delta_0 D_R}{\gamma_R \delta_R D_0} \tag{5.36}$$

由于在一定对流条件下的稳态扩散中，δ_0 与 δ_R 均为常数；又由于在含有大量局外电解质的电解液和稀汞齐中，γ_0，γ_R，D_0，D_R 均随浓度 c_0 和 c_R 变化很小，也可以将它们看作常数，因此可以将 $\varphi_{1/2}$ 看作是只与电极反应性质（反应物与反应产物的特性）有关，而与浓度无关的常数。于是，式（5.35）就可写成

$$\varphi = \varphi_{1/2} + \frac{RT}{nF}\ln\frac{j_d - j}{j} \tag{5.37}$$

式（5.37）就是当反应产物可溶时的浓差极化方程式，其相应的极化曲线如图 5.13 所示。由 $\varphi\text{-}j$ 曲线可以发现，当电极发生阴极浓差极化时，电极电位负移到一定程度时，同样会出现极限扩散电流密度。由 φ 与 $\ln\left(\frac{j_d}{j} - 1\right)$ 关系图可发现，两者呈线性关系，斜率为 $\frac{RT}{nF}$。若由作图得出了直线的斜率值，则可由其求得参加反应的电子数 n。

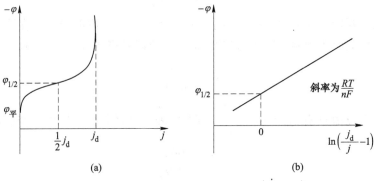

图 5.13　产物可溶时浓差极化过程 $\varphi\text{-}j$ 和 $\varphi\text{-}\ln\left(\frac{j_d}{j} - 1\right)$ 的关系

（a）$\varphi\text{-}j$ 关系；（b）$\varphi\text{-}\ln\left(\frac{j_d}{j} - 1\right)$ 关系

5.3.2 浓差极化的判别方法

既然知道了浓差极化动力学规律，那么就可以根据是否出现浓差极化的动力学特征，来判别电极过程是否由扩散步骤控制。现将浓差极化的动力学特征总结如下：

（1）当电极过程受扩散步骤控制时，在一定的电极电位范围内，出现一个不受电极电位变化影响的极限扩散电流密度 j_d。

（2）浓差极化的动力学公式为

$$\varphi = \varphi_{\text{平}} + \frac{RT}{nF}\ln\left(1 - \frac{j}{j_d}\right) \qquad （产物为独立相）$$

或

$$\varphi = \varphi_{1/2} + \frac{RT}{nF}\ln\left(\frac{j_d}{j} - 1\right) \qquad （产物可溶）$$

因此，当用 φ 对 $\ln\left(1 - \frac{j}{j_d}\right)$ 或 $\ln\left(\frac{j_d}{j} - 1\right)$ 作图时，两者呈线性关系，直线的斜率为 $\frac{RT}{nF}$。

（3）电流密度 j 和极限扩散电流密度 j_d 随着溶液搅拌强度的增大而增大。这是因为当搅拌强度增大时，溶液的流动速度增大，根据对流扩散理论，此时的扩散层厚度减薄，由此导致 j 和 j_d 的增大。

（4）扩散电流密度与电极表面的真实表面积无关，而与电极表面的表观面积（投影面积）有关。这是由于 j 取决于扩散通量的大小，而扩散通量的大小与扩散所通过的截面积（即电极表观面积）有关，与电极表面的真实面积无关。

可以根据上述动力学特征来判定电极过程是否由扩散步骤控制。值得注意的是，如果仅用其中一个特征来判别，条件是不充分的，可能会出现判断错误。例如，如果仅根据出现极限电流密度就判断该过程受扩散步骤控制，那么这个结论就不够充分。因为当电子转移步骤之前的某些步骤，例如前置转化步骤或催化步骤等成为电极过程的控制步骤时，也都可能出现极限电流密度（如动力极限电流密度、吸附极限电流密度、反应粒子穿透有机吸附层的极限电流密度等）。而如果用几个特征互相配合来进行判断，则可以得到正确的结论。例如，当电极过程中出现了极限电流密度以后，再改变对溶液的搅拌强度，如果极限电流密度随搅拌强度而改变，则可以判断该电极过程受扩散步骤所控制。除了极限扩散电流密度受搅拌强度的影响之外，上述的其他几个极限电流密度均不受搅拌强度的影响。在更复杂的情况下，有时需要从上述几个动力学特征来进行全面综合判断，才能得出可靠的结论。

5.4 非稳态扩散过程

在 5.2 节中,已经介绍过稳态扩散与非稳态扩散的概念。对于一个电极过程,即使能够建立稳态扩散过程,也必须先经过非稳态扩散过程的过渡阶段。通过研究非稳态扩散过程可以进一步认识建立稳态扩散过程的可能性与所需时间。此外,在现代电化学测试技术中,为了实现快速测试,往往直接利用非稳态扩散过程的信息。因此,掌握非稳态扩散过程的规律是十分重要的。

前面已经讲过,稳态扩散与非稳态扩散的主要区别,在于扩散层中各点的反应粒子浓度是否与时间有关。即在稳态扩散时,$c_i = f(x)$; 而在非稳态扩散中,$c_i = f(x,t)$。根据研究稳态扩散过程的思路,要研究扩散动力学规律,就要先求出扩散通量,然后根据扩散通量求出扩散电流密度,最后再求出电流密度与电极电位的关系。研究非稳态扩散的动力学规律,首先要找到非稳态扩散过程浓度场的表示式,即各处粒子浓度随时间的变化式 $c_i(x,t)$,然后利用式 (5.7) 求得电极表面任意时间 t 的瞬间扩散电流:

$$J_i(t) = nFD_i\left(\frac{\mathrm{d}c_i}{\mathrm{d}x}\right)_{x=0,t} \tag{5.38}$$

由于非稳态扩散过程中,浓度是 x 和 t 的函数,因此浓度梯度与时间有关,即浓度梯度不是一个常数,要计算扩散流量 J_i,就必须首先求出 $c_i = f(x,t)$ 的函数关系,也就是首先要对菲克第二定律求解。而菲克第二定律的数学表达式可由菲克第一定律推导出来。

假设有两个相互平行的液面,两液面之间的距离为 $\mathrm{d}x$,液面 S_1 和 S_2 的面积都为单位面积,如图 5.14 所示。在图 5.14 中,液面 S_1 的扩散粒子浓度为 c,液面 S_2 的扩散粒子浓度为 $c' = c + \frac{\mathrm{d}c}{\mathrm{d}x}\mathrm{d}x$。于是,根据菲克第一定律,流入液面 S_1 的扩散通量为

$$J_1 = D\frac{\mathrm{d}c}{\mathrm{d}x} \tag{5.39}$$

而流出液面 S_2 的扩散量为

$$J_2 = D\frac{\mathrm{d}}{\mathrm{d}x}\left(c + \frac{\mathrm{d}c}{\mathrm{d}x}\mathrm{d}x\right) = -D\frac{\mathrm{d}c}{\mathrm{d}x} - D\frac{\mathrm{d}^2x}{\mathrm{d}x^2}\mathrm{d}x \tag{5.40}$$

S_1 和 S_2 两个液面所通过的扩散流量之差,就表示在单位时间内,在相距为 $\mathrm{d}x$ 的两个单位面积之间所积累的扩散粒子的摩尔数,于是有

$$J_1 - J_2 = D\frac{\mathrm{d}^2x}{\mathrm{d}x^2}\mathrm{d}x \tag{5.41}$$

如果将上式除以体积 $\mathrm{d}V$ ($\mathrm{d}V = 1 \times 1 \times \mathrm{d}x = \mathrm{d}x$),则等于由非稳态扩散导致的单

位时间内在单位体积溶液中积累的扩散粒子的物质的量，该数值恰好是 S_1 和 S_2 两液面之间在单位时间内的反应粒子的浓度变化，于是有

$$\frac{\mathrm{d}c}{\mathrm{d}t} = \frac{J_1 - J_2}{\mathrm{d}V} = \frac{D \frac{\mathrm{d}^2 c}{\mathrm{d}x^2} \mathrm{d}x}{\mathrm{d}x} = D \frac{\mathrm{d}^2 c}{\mathrm{d}x^2} \tag{5.42}$$

若改写为偏微分形式，则有

$$\frac{\partial c}{\partial t} = D \frac{\partial^2 c}{\partial x^2} \tag{5.43}$$

式（5.43）就是大家熟知的菲克第二定律，也就是在非稳态扩散过程，扩散粒子浓度 c 随距电极表面的距离 x 和时间 t 变化的基本关系式。

菲克第二定律是一个二次偏微分方程，求出它的特解就可以知道 $c_i = f(x, t)$ 的具体函数关系式。而要求出其特解，就需要知道该方程的初始条件和边界条件。由于在不同的电极形状（平面电极、球形电极、微电极等）和极化方式（恒流极化、恒电位极化、电位扫描等）条件下，具有不同的初始条件与边界条件，得到的方程特解也不同，因此要根据不同的情况作具体分析。如需要进一步了解非稳态扩散方程的推导，可以参考其他同类书籍。

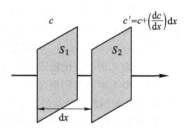

图 5.14　两个平行液面间的扩散

复习思考与练习题

5-1　在电极界面附近的液层中，反应粒子传质方式有哪几种？

5-2　当电极过程控制步骤为液相传质时，为什么说通常情况下是扩散传质速度决定电极过程速度？

5-3　什么是稳态扩散，什么是非稳态扩散，各有什么特征？

5-4　为什么对流是实现稳态扩散的前提条件？

5-5　理想条件下的稳态扩散和真实条件下的稳态扩散有何区别？

5-6　旋转圆盘电极设计的意义是什么，其在电化学测量中有什么重要用途？

5-7　试比较扩散层和边界层的区别。为什么说电极过程中没有单独存在的扩散过程？

5-8　试写出理想条件下和真实条件下稳态扩散电流密度和稳态极限扩散电流密度的计算公式，分析影响 j 和 j_d 的因素有哪些，有何区别？

5-9　为什么在浓差极化条件下，当电极表面附近的反应粒子浓度为零时，稳态电流并不为零，反而得到极大值（极限扩散电流）？

5-10　试用数学表达式和极化曲线说明稳态浓差极化的规律。

5-11　什么是半波电位，它在电化学应用中有什么意义？

5-12　对于一个稳态电极过程，如何判断它是否受扩散步骤控制？

5-13　在焦磷酸盐电镀液中镀铜锡合金时，发现在零件的凹洼处容易出现铜红色（即镀层颜

色比正常镀层发红），而采用间歇电流时就可以消除或减轻这一现象。请分析一下其中的原因。

5-14 已知下列电极上的阴极过程都是扩散控制的。请比较一下它们的极限扩散电流密度是否相同，为什么？

(1) 0.1 mol/L $ZnCl_2$ + 3 mol/L NaOH；

(2) 0.05 mol/L $ZnCl_2$；

(3) 0.1 mol/L $ZnCl_2$。

5-15 某有机物在 25 ℃下静止的溶液中电解氧化。若扩散步骤是速度控制步骤，试计算该电极过程的极限扩散电流密度。已知与每一个有机物分子结合的电子数是 4，有机物在溶液中的扩散系数为 6×10^{-5} cm^2/s，浓度为 0.1 mol/L，扩散层有效厚度为 5×10^{-2} cm。

5-16 在 0.1 mol/L $ZnCl_2$ 溶液中电解还原锌离子时，阴极过程为浓差极化。已知锌离子的扩散系数为 1×10^{-5} cm^2/s，扩散层有效厚度为 1.2×10^{-2} cm。试求：

(1) 20 ℃时阴极的极限扩散电流密度。

(2) 20 ℃时测得阴极过电位为 0.029 V，相应的阴极电流密度应为多少？

5-17 在无添加剂的锌酸盐溶液中镀锌，其阴极反应为 $Zn(OH)_4^{2-}$ + 2e → Zn + 4OH^-，并受扩散步骤控制。18 ℃时测得某电流密度下的电位为 0.056 V。若忽略阴极上析出氢气的反应，并已知 $Zn(OH)_4^{2-}$ 的扩散系数为 0.5×10^{-5} cm^2/s，浓度为 2 mol/L，在电极表面液层（$x=0$ 处）的浓度梯度为 8×10^{-2} mol/cm^4，试求：

(1) 阴极过电位为 0.056 V 时的阴极电流密度；

(2) $Zn(OH)_4^{2-}$ 在电极表面液层中的浓度。

5-18 已知 25 ℃时，在静止溶液中阴极反应 Cu^{2+} + 2e → Cu 受扩散步骤控制。Cu^{2+} 在该溶液中的扩散系数为 1×10^{-5} cm^2/s，扩散层有效厚度为 1.1×10^{-2} cm，Cu^{2+} 的浓度为 0.5 mol/L。试求阴极电流密度为 0.044 A/cm^2 时的浓差极化值。

5-19 在含有大量局外电解质的 0.1 mol/L $NiSO_4$ 溶液中，用旋转圆盘电极作阴极进行电解。已知 Ni^{2+} 的扩散系数为 1×10^{-5} cm^2/s，溶液的动力黏度系数为 1.09×10^{-2} cm^2/s，试求：

(1) 转速为 10 r/s 时的阴极极限扩散电流密度是多少？

(2) 上述极限电流密度比静止电解时增大了多少倍？设静止溶液中的扩散层厚度为 5×10^{-3} cm。

5-20 已知 25 ℃时，阴极反应 O + 2e ⇌ R 受扩散步骤控制，O 和 R 均可溶，c_O^0 = 0.1 mol/L，c_R^0 = 0，扩散层厚度为 0.01 cm，O 的扩散系数为 1.5×10^{-5} cm^2/s。求

(1) 测得 j_c = 0.08 A/cm^2 时，阴极电位 φ_c = −0.12 V，该阴极过程的半波电位是多少？

(2) j_c = 0.2 A/cm^2 时，阴极电位是多少？

5-21 若 25 ℃时，阴极反应 Ag^+ + e → Ag 受扩散步骤控制，测得浓差极化值 $\Delta\varphi = \varphi - \varphi_平 = -59$ mV。已知 $c_{Ag^+}^0$ = 1 mol/L，$\dfrac{dc_{Ag^+}}{dx} = 7\times10^{-2}$ mol/cm^4，$D_{Ag^+} = 6\times10^{-5}$ cm^2/s。

试求：

(1) 稳态扩散电流密度；

(2) 扩散层有效厚度 $\delta_{有效}$；

(3) Ag^+ 的表面浓度 $c_{Ag^+}^s$。

6 电子转移步骤动力学

在电极过程中，反应粒子（离子、原子或分子）在电极/溶液界面得到电子或失去电子，从而还原或氧化成新物质的步骤被称为电子转移步骤（或电化学反应步骤）。电子转移步骤是实现离子导电（电解液）/电子导电（外电路）两种导电方式切换的源头，也是实现电化学装置电流回路导通的关键。当电子转移步骤成为电极过程速度控制步骤，即电极过程发生电化学极化时，电极过程将呈现电子转移步骤的动力学规律。对该步骤的深入了解，有助于人们控制这一类电极过程的反应速度和反应进行的方向。

在第1章已经指出，电极反应区别于化学反应最大的特点是反应速度与电极电位有关。在其他条件不变的情况下，仅仅改变电极电位就可以使电极过程的速度提高许多个数量级。事实上，当电极过程速度控制步骤不一样时，电极电位对电极过程速度（电流密度）的影响机制是不一样的。第5章介绍了浓差极化动力学规律，推导了电极电位与电极过程速度（电流密度）的函数关系。当液相传质步骤为速度控制步骤时，电子转移步骤处于准平衡态，电极电位的计算适用电化学热力学方程（能斯特方程），从而得到了电极电位与电极/溶液界面反应粒子浓度的关系式，而后者又影响反应粒子的浓度梯度和液相传质速度。也就是说，在浓差极化条件下，电极电位可以改变反应粒子的表面浓度，从而影响这些粒子的液相传质速度，即电极电位可通过"热力学"方式间接地影响电极过程速度。

那么，当电子转移步骤成为电极过程速度控制步骤时，电极电位是如何影响电子转移步骤反应速度（电流密度）的呢？这是本章将要讨论的内容。由于一个粒子（离子、原子或分子）同时得到或失去两个或两个以上电子的可能性很小，因此大多数情况下，一个电子转移步骤只转移一个电子，而不能一次转移多个电子。多个电子参与的电极反应，则往往是通过几个单电子转移步骤连续进行而完成的。为了便于理解，首先以单电子电化学反应为例讨论电子转移步骤的基本动力学规律，然后再扩展到多电子电极过程。

6.1 电极电位对电子转移步骤反应速度的影响

6.1.1 电极电位对电子转移步骤活化能的影响

以前学习过化学动力学的都知道，对于一个化学反应，反应粒子必须吸收一定的能量，跨越反应势垒，激发到一种不稳定的过渡态（或称为活化态、中间态），才有可能向反应产物转化。也就是说，反应粒子必须吸收一定的活化能，反应才能得以进行。上述规律，可以用图 6.1 形象地表示出来。图 6.1 所示为 A $\Longleftrightarrow$ B 可逆化学反应体系在不同状态（始态、中间态、终态）的能量。ΔG_1 为反应始态 A（反应物）和中间态之间的体系自由能之差，即正向反应（A→B）活化能。ΔG_2 为反应终态 B（产物）与中间态之间的体系自由能之差，表示逆向反应（B→A）活化能。在任一时刻，反应物 A 吸收高于 ΔG_1 的能量才可转变为中间态，进而转化为产物 B；同时，反应物 B 吸收高于 ΔG_2 的能量才可转变为中间态，进而转化为产物 A。

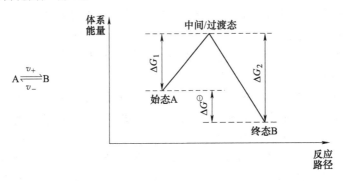

图 6.1   化学反应体系自由能与体系状态之间的关系

对于整个电化学体系而言，电化学反应式与化学反应式没有区别。但与化学反应不同的是，在电化学装置中，阴极电极过程和阳极电极过程在不同的电极/溶液界面上进行。因此在电化学研究过程中，通常研究单一电极体系上的电极反应。电子转移是电极反应的主要特征，这一过程发生在电极/溶液界面。而在电极/溶液界面存在双电层，其电场会影响参与电极反应的带电粒子（如电子、离子）的转移和运动，进而影响电子转移步骤的反应速度。在电化学实践中，可以通过控制电极电位来改变双电层结构及其电场，进而影响电子转移步骤。那么，电极电位到底是如何影响电子转移步骤的呢？可以利用类似于图 6.1 的体系自由能（位能）变化曲线来讨论这种影响。

图 6.2 所示为可逆电极反应 $O + ne \Longleftrightarrow R$ 的体系自由能（位能）变化曲线。对于可逆电极反应，反应可以朝着阴极方向（cathodic process，又称还原方向）进行，也可以朝着阳极方向（anodic process，又称氧化方向）进行。为了表述方便，阴极方向的反应速度、活化能等所有参数都带了下角标 c，如 v_c、E_c。相反地，阳极方向的反应速度、活化能等参数都带了下角标 a，如 v_a、E_a。值得注意的是，在电极/溶液界面的双电层区，不同位置的电势是不一样的（参考第 3 章电极电位的分布）。也就是说，在离电极表面不同距离的位置，带电粒子的位能

是不一样的。O 与中间态（I^*）之间的位能差即为还原方向的反应所需活化能 E_c（为了区分化学体系的吉布斯自由能，此处不再用 ΔG）。R 与中间态（I^*）之间的位能差即为氧化方向的反应所需活化能 E_a。

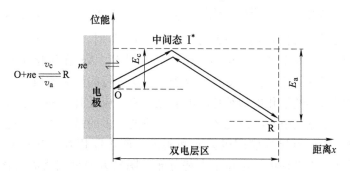

图 6.2　电化学反应体系自由能与体系状态之间的关系

下面以银电极浸入硝酸银溶液为例讨论电极电位是如何影响电子转移步骤的。该电极体系属于第一类可逆电极体系，即阳离子可逆电极，电极反应式如下：

$$Ag^+ + e \rightleftharpoons Ag$$

为了便于讨论和易于理解，可将上述反应看成是溶液一侧 Ag^+ 在电极/溶液界面得到电子沉积，并入 Ag 电极晶格。以 Ag^+ 的位能变化代表体系自由能的变化。当然，这只是一种简化的处理方法，不完全符合实际情况。实际的电极反应中并不仅仅涉及 Ag^+ 在相间的转移，还涉及电子的转移。所以在下面的讨论中，虽然讲的是 Ag^+ 的位能变化，但应理解为整个反应体系的位能或自由能的变化，而不仅仅是 Ag^+ 的位能变化。图 6.3 所示为 Ag/Ag^+ 电极体系在零电荷电位下的位能曲线。值得注意的是，为了便于理解，在绘制图 6.3 时进行了以下假设：

（1）溶液一侧参与反应的 Ag^+ 位于外亥姆荷茨平面，电极上参与反应的 Ag^+ 位于银电极表面的晶格中，活化态位于这两者之间的某个位置。

（2）电极/溶液界面上不存在任何特性吸附，也不存在除了离子双电层以外的其他相间电位。也就是说，这里只考虑离子双电层及其电位差的影响。

（3）溶液总浓度足够大，以至于双电层几乎完全是紧密层结构，即可认为双电层电位差完全分布在紧密层中。即图中 Ag^+ 所在的外亥姆荷茨平面电势为零，其距离电极表面距离为 d。电极表面与 Ag^+ 所在的外亥姆荷茨平面之间的电势差为电极电位，在该区域内电势呈线性分布。

图 6.3 所示为在零电荷电位下（如银电极刚浸入硝酸银溶液的瞬间）Ag^+ 的位能曲线。图中 $Ag^{+,*}$ 为中间态，E_a^0 表示银电极晶格中的 Ag^+（暂不考虑电子）转化为中间态 $Ag^{+,*}$ 所需的活化能。E_c^0 表示溶液一侧 Ag^+ 脱去水化膜转化为中间

态 $Ag^{+,*}$ 所需的活化能。下角标 a、c 分别代表阳极氧化方向、阴极还原方向，上角标 0 表示零电位下的参数。在零电荷电位下，电极上无剩余电荷，电极/溶液界面没有双电层形成，电极/溶液之间的内电位差 $\Delta\varphi$ 为零，即电极的绝对电位等于零（忽略特性吸附、偶极子吸附等）。在电化学体系中，荷电粒子的能量可用电化学位表示，根据 $\bar{\mu} = \mu + nF\varphi$，在零电荷电位时，$Ag^+$ 的电化学位等于化学位。因为在没有界面电场（零电荷电位）的情况下，Ag^+ 在氧化还原反应中的自由能变化就等于它的化学位的变化。这表明，所进行的反应实质上是一个纯化学反应，反应所需的活化能与纯化学的氧化还原反应没有差别。事实上，对于可逆电极体系，零电荷电位状态比较少见，讨论的更多的是平衡电极电位状态。在平衡电极电位下，电极反应阳极方向和阴极方向速度相等，电极上的剩余电荷少，可以近似认为平衡电极电位下电势分布、阴极方向反应所需活化能（E_c^0）、阳极方向反应所需活化能（E_a^0）、Ag^+ 的位能变化曲线与上面讨论的零电荷电位条件下的一样。

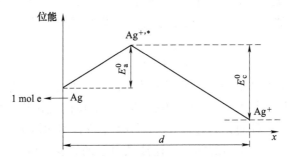

图 6.3　零电荷电位时 Ag^+ 的位能曲线

　　在零电荷电位下（平衡电极电位也可近似处理），由于不存在双电层，电极/溶液界面附近电势处处相等，参与电极反应的带电粒子的电化学位等于化学位。当电极/溶液界面存在双电层时，在电极表面-外亥姆荷茨平面之间区域存在电场。由于电子转移步骤就发生在该区域，又由物理学可知，带电粒子在电场中移动，需要克服电场做功，因此，其电势能会发生变化。假设电极电位偏离平衡电极电位 $\Delta\varphi$，且 $\Delta\varphi > 0$ 时，电极/溶液附近电势分布如图 6.4 最底部斜线 Ⅰ 所示，在该区域电势呈线性分布。Ag^+ 带一个单元正电荷，在紧密层内的各个位置上，Ag^+ 都会受到界面电场的影响，其能量均会有不同程度的增加，由此引起 Ag^+ 的位能的变化。Ag^+ 在距离电极表面不同距离（x）时电势能如图 6.4 底部斜线 Ⅱ 所示。把图 6.4 中平衡态下的位能曲线和斜线 Ⅱ 叠加，就可以得到 Ag^+ 在电极电位偏离平衡电位 $\Delta\varphi$ 时的位能曲线（曲线 B）。从图 6.4 中可看到，与平衡电极电位下相比，Ag^+ 由于 $\Delta\varphi$ 的存在，不同位置的 Ag^+ 的位能发生变化，且变化程度与所处位置有关，进而导致阴极方向和阳极方向反应所需活化能发生变化。

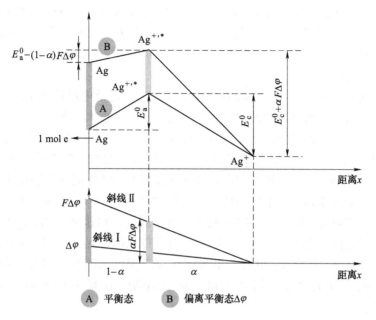

图 6.4 平衡电极电位和极化条件下 Ag^+ 位能曲线

为了计算电极电位偏离平衡电极电位 $\Delta\varphi$ 时阴极方向和阳极方向活化能，本书引入了一个参数 α，表示电极电位对还原方向反应活化能的影响程度。从图 6.4 可以看出，α 可以看作是氧化态物种（图中氧化态物种位于外亥姆荷茨平面）至中间态的距离与外亥姆荷茨平面至电极表面的距离之比，$0 < \alpha < 1$。类似的，还原态物种（图中还原态物种位于电极表面）至中间态的距离与外亥姆荷茨平面至电极表面的距离之比一般用 β 表示，且 $\alpha + \beta = 1$。为了尽可能减少变量，本书统一用 $1-\alpha$ 来替代 β。$1-\alpha$ 表示电极电位对氧化方向反应活化能的影响程度。由于外亥姆荷茨平面处电势定义为 0，此处 Ag^+ 的位能不受 $\Delta\varphi$ 的影响。$Ag^{+,*}$ 中间态位能增大了 $\alpha F\Delta\varphi$，电极表面 Ag^+ 的位能提高了 $F\Delta\varphi$。根据正方形平行两边边长相等，可以计算出偏离平衡态 $\Delta\varphi$ 时阴极方向和阳极方向反应所需活化能：

$$E_a = E_a^0 - (1-\alpha)F\Delta\varphi \tag{6.1}$$

$$E_c = E_c^0 + \alpha F\Delta\varphi \tag{6.2}$$

可以发现，当 $\Delta\varphi > 0$ 时，$E_a < E_a^0$，而 $E_c > E_c^0$。即当电极电位相较平衡电极电位正向偏移时，电极反应中阳极方向所需活化能降低（势垒降低，有利于反应进行），而阴极方向所需活化能增大（势垒升高，不利于反应进行），最终导致阳极方向反应速度大于阴极反向反应速度，电极发生净氧化反应。

类似地，当 $\Delta\varphi < 0$ 时，上面两式也同样成立。当 $\Delta\varphi < 0$ 时，$E_a > E_a^0$，而

$E_c < E_c^0$。即当电极电位相较平衡电极电位负向偏移时，电极反应中阳极方向所需活化能增大（势垒升高，不利于反应进行），而阴极方向所需活化能降低（势垒降低，有利于反应进行），最终导致阳极方向反应速度小于阴极反向反应速度，电极发生净还原反应。

从上面分析可以看出，电极体系发生极化时（电极电位偏离平衡电位），会导致阴极方向和阳极方向的活化能发生变化，且一个增大，另一个降低，导致两个方向进行速度不再相等，进而发生净反应。电极电位向正偏移时，电极出现净氧化反应；反之，电极出现净还原反应。那么，如何从物理层面理解电极极化（偏置电位 $\Delta\varphi$）对阴极方向和阳极方向反应所需活化能的影响规律呢？

当电极电位相较平衡电极电位正向偏移时（$\Delta\varphi > 0$），电极上剩余正电荷量增大，可以理解为电极上电子匮乏程度加剧，此时，电极上的 Ag 更容易失去电子，以减弱电极上电子匮乏程度，因此，对阳极反应有促进作用，阳极方向所需活化能降低（$E_a < E_a^0$）；此外，电极电子匮乏程度加剧时，溶液一侧的 Ag^+ 很难再从电极上获取电子，因此阴极方向被抑制，阴极方向所需活化能增大（$E_c > E_c^0$）。

类似地，当电极电位相较平衡电极电位负向偏移时（$\Delta\varphi < 0$），电极上剩余负电荷量增大，即电极上电子富余程度增大，此时，电子富余会抑制电极上的 Ag 继续失去电子，以防电极上电子富余程度进一步增大。因此，阳极反应方向受到抑制，阳极方向所需活化能升高（$E_a > E_a^0$）；此外，电极一侧电子富余程度增大时，溶液一侧的 Ag^+ 很容易从电极上获取电子。因此阴极反应方向得到促进，阴极方向所需活化能降低（$E_c < E_c^0$）。

上面的例子是把电极反应看成是 Ag^+ 在相间的转移过程。其实，也可以把电极反应看作是电子在相间转移的过程，从而分析电极电位对反应活化能的影响规律，所得结果是一样的。图 6.5 所示为电子在相间转移过程中电势分布、电子电势能变化曲线及电子的位能曲线。由于电子荷单位负电荷，当 $\Delta\varphi > 0$ 时，将引起电极表面的电子位能降低 $F\Delta\varphi$。从图 6.5 中不难看出，电极电位与平衡电极电位偏离程度（$\Delta\varphi$）与还原方向活化能和氧化方向活化能的关系与上一个例子是完全一致的，即

$$E_a = E_a^0 - (1-\alpha)F\Delta\varphi \quad \text{和} \quad E_c = E_c^0 + \alpha F\Delta\varphi$$

从上面的讨论中可以发现，式（6.1）和式（6.2）具有普适性。值得注意的是，上面的例子中 Ag^+ 和电子都带 1 个电荷，即电极反应转移的电子数是 1。当反应是按 $O + ne \rightleftharpoons R$ 的形式进行时，电子转移数 $n \neq 1$，那么有：

$$E_a = E_a^0 - (1-\alpha)nF\Delta\varphi \tag{6.3}$$

$$E_c = E_c^0 + \alpha nF\Delta\varphi \tag{6.4}$$

从上面的分析发现，影响电极反应阴极方向和阳极方向活化能的不是绝对电

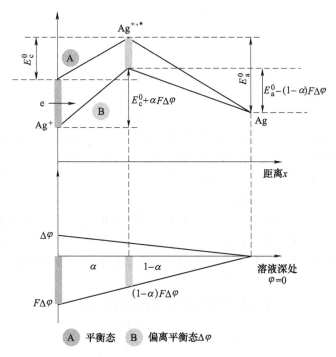

图 6.5 平衡电极电位和极化条件下电子的位能曲线

极电位,而是电极电位偏离平衡电极电位的程度($\Delta\varphi$),即极化程度。这也证实了本章前面提到的,极化(过电位)是推动电极净反应持续进行的驱动力。对于电解池,为了使电解反应更快地进行,需要增大极化。槽压增大时,阴极电位负移,阳极电位正移,极化程度都增大,阴极上的净反应和阳极上的净反应都增大。大家在学习这一章节时,特别要将讨论单一电极体系时描述的阴极方向和阳极方向与真正电化学装置中的阴极和阳极电极反应区分开来。单一电极体系的阴极方向和阳极方向是一个反应的两个方向,而电化学装置中的阴极反应和阳极反应可能根本不是一个反应。

6.1.2 电极电位对电子转移步骤反应速度的影响

6.1.1 小节分析了电极电位(过电位)是如何影响电极反应阴极方向和阳极方向所需活化能的,那么电极电位对电极反应速度的影响是怎样的呢?根据化学动力学中的阿伦尼乌斯公式,反应速度与反应活化能之间的关系为

$$v = kc\exp\left(-\frac{\Delta G}{RT}\right) \tag{6.5}$$

式中,v 为反应速度;c 为反应粒子浓度;ΔG 为反应活化能;k 为指前因子。

对于电极反应

$$O + ne \Longrightarrow R$$

可以得到电极反应阴极方向速度（v_c）与阳极方向速度（v_a）的计算公式：

$$v_c = k_c c_0 \exp\left(\frac{-E_c}{RT}\right) \tag{6.6}$$

$$v_a = k_a c_R \exp\left(\frac{-E_a}{RT}\right) \tag{6.7}$$

式中，k_a、k_c 为指前因子；c_0、c_R 分别为 O 粒子和 R 粒子在外亥姆荷茨平面的浓度；E_c、E_a 分别为电极反应阴极方向和阳极方向所需活化能（为了区分化学体系吉布斯自由能 ΔG，电化学研究过程中通常用 E 来表示活化能，当然，也注意不要与电化学装置的电动势混淆）。

在研究电子转移步骤动力学时，液相传质步骤可认为处于准平衡态，电极表面附近的液层与溶液主体之间不存在反应粒子的浓度差。加上已经假设双电层中不存在分散层，因而反应粒子在外亥姆荷茨平面的浓度就等于该粒子在溶液本体浓度。

将反应速度换算成电流密度形式可以得到以下公式：

$$j_c = nF k_c c_0 \exp\left(\frac{-E_c}{RT}\right) \tag{6.8}$$

$$j_a = nF k_a c_R \exp\left(\frac{-E_a}{RT}\right) \tag{6.9}$$

6.1.2.1　平衡电极电位下

在平衡电极电位下，电极反应阴极方向速度（j_c°）和阳极方向速度（j_a°）分为别：

$$j_c^\circ = nF k_c c_0 \exp\left(\frac{-E_c^\circ}{RT}\right) \tag{6.10}$$

$$j_a^\circ = nF k_a c_R \exp\left(\frac{-E_a^\circ}{RT}\right) \tag{6.11}$$

在平衡电极电位下，活化能和电流密度我们都加上上角标（o）以作区别。由于在平衡电极电位下，阴极方向反应速度和阳极方向反应速度相等，我们引入交换电流密度（j°）来描述平衡电极电位条件下阴极方向、阳极方向绝对反应速度，即

$$j^\circ = j_c^\circ = j_a^\circ \tag{6.12}$$

6.1.2.2　极化条件下

当电极电位偏离平衡电极电位 $\Delta\varphi$ 时，电极反应阴极方向和阳极方向的活化能不再是 E_a°、E_c°。此时，将式（6.3）、式（6.4）分别代入式（6.8）、式（6.9），可以得到极化条件下阴极方向和阳极方向的电流密度计算公式：

$$j_c = nFk_c c_O \exp\left(\frac{-E_c^o - \alpha nF\Delta\varphi}{RT}\right)$$

$$= nFk_c c_O \exp\left(\frac{-E_c^o}{RT}\right) \exp\left(\frac{-\alpha nF\Delta\varphi}{RT}\right)$$

$$= j^o \exp\left(\frac{-\alpha nF\Delta\varphi}{RT}\right) \tag{6.13}$$

$$j_a = nFk_a c_R \exp\left(\frac{-E_a}{RT}\right) = nFk_a c_R \exp\left[\frac{-E_a^o + (1-\alpha)nF\Delta\varphi}{RT}\right]$$

$$= nFk_a c_R \exp\left(\frac{-E_a^o}{RT}\right) \exp\left[\frac{(1-\alpha)nF\Delta\varphi}{RT}\right]$$

$$= j^o \exp\left[\frac{(1-\alpha)nF\Delta\varphi}{RT}\right] \tag{6.14}$$

值得注意的是，在本章公式推导过程中，阴极方向和阳极方向的电流密度不区分正负。这是因为，在电化学研究过程中，大家很容易判断净电流的方向。根据 j_c、j_a 的计算公式，可以发现在同一个电极上还原方向绝对反应速度（j_c）和氧化方向绝对反应速度（j_a）与过电位（极化值）呈指数关系。当 $\Delta\varphi > 0$ 时，$j_a > j^o$，$j_c < j^o$，净反应为氧化反应；反之，$\Delta\varphi < 0$ 时，$j_a < j^o$，$j_c > j^o$，净反应为还原反应。当 $\Delta\varphi > 0$ 时，电极电位越正（$\Delta\varphi$ 越大），氧化方向反应速度（j_a）呈指数级增大；当 $\Delta\varphi < 0$ 时，电极电位越负（$\Delta\varphi$ 越负），还原方向反应速度（j_c）呈指数级增大（不区分正负）。

需要强调的是，j_a 和 j_c 是指同一电极上发生的方向相反的还原反应和氧化反应的绝对速度（即微观反应速度），而不是该电极上电子转移步骤的净反应速度。更不可以把 j_a 和 j_c 误认为是电化学体系中阴极上流过的外电流（阴极电流）和阳极上流过的外电流（阳极电流）。在任何电极电位下，同一电极上总是存在着 j_a 和 j_c 的。而外电流（或净电流）恰恰是这两者的差值，如式（6.15）和式（6.16）所示。

当处于阴极极化时，电极净电流计算公式：

$$j = j_c - j_a = j^o \left\{ \exp\left(\frac{-\alpha nF\Delta\varphi}{RT}\right) - \exp\left[\frac{(1-\alpha)nF\Delta\varphi}{RT}\right] \right\} \tag{6.15}$$

当处于阳极极化时，电极净电流计算公式：

$$j = j_a - j_c = j^o \left\{ \exp\left[\frac{(1-\alpha)nF\Delta\varphi}{RT}\right] - \exp\left(\frac{-\alpha nF\Delta\varphi}{RT}\right) \right\} \tag{6.16}$$

j 就是电极净电流。前面已经提过，在公式推导过程中，净电流一律取正值，可以简单地通过判断 $\Delta\varphi$ 的正负来决定是用式（6.15）还是式（6.16）。上面的两个公式就是著名的巴特勒-伏尔摩（Butler-Volmer）方程，是电子转移步骤动力学的基本方程。后续还会详细地根据这个方程来研究电子转移步骤动力学规律。

6.2 电子转移步骤的基本动力学参数

描述电子转移步骤动力学特征的物理量称为动力学参数。电子转移步骤动力学参数主要有传递系数、交换电流密度和电极反应速度常数。

6.2.1 传递系数

在6.1节中介绍过了传递系数 α 和 β。尽管 α 和 β 分别表示电极电位对还原方向反应活化能和氧化方向反应活化能影响的程度，但是其真正的物理含义还不太确切，可以试着回忆下电极电位对电极反应活化能影响公式的推导过程。如图6.6所示，由于中间态处于还原态和氧化态物种中间的某一位置，或者说电极表面和外亥姆荷茨平面之间的某一位置，引入 α 来表示氧化态物种与中间态物种间的距离与电极表面-外亥姆荷茨平面间的距离之比。图6.7所示为电极电位偏离平衡电极电位 $\Delta\varphi$ 时不同位置电势和带电粒子（正电荷）电势能分布图。由于电势呈线性分布，中间态的位能变化幅度即为 $\alpha F\Delta\varphi$，最终还原反应方向活化能变化程度为 $-\alpha F\Delta\varphi$；而氧化反应方向活化能变化幅度为 $(1-\alpha)F\Delta\varphi$ 即 $\beta F\Delta\varphi$。α 和 β 正好是决定 $\Delta\varphi$ 对活化能影响程度的系数，因此，α 和 β 可以分别表示电极电位对还原方向反应活化能和氧化方向反应活化能影响的程度。α 和 β 数值大小取决于电极反应的性质。对单电子反应而言，$\alpha+\beta=1$，且常常有 $\alpha\approx\beta\approx0.5$，因此又称为对称系数。有人提出，正是由于中间态在氧化态物种和还原态物种之间的位置不同，影响了电子隧穿的难易程度（势垒），从而影响了氧化、还原方向反应活化能。

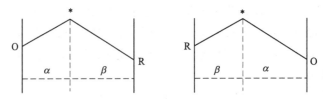

图6.6 电极反应中氧化态（O）、过渡态（＊）、还原态（R）的空间位置关系

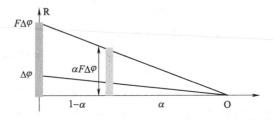

图6.7 电极电位偏离平衡电位 $\Delta\varphi$ 时电势分布及带电粒子的电势能分布曲线

6.2.2 交换电流密度

对于可逆电极反应：

$$O + ne \rightleftharpoons R$$

当电极电位等于平衡电位时，电极上没有净反应发生，即没有宏观的物质变化和外电流通过。但在微观上仍有物质交换，这一点已被示踪原子实验所证实。这表明，电极上的氧化方向和还原方向绝对反应速度相等，电极处于动态平衡中。

$$j^o = j_c^o = j_a^o$$

用统一的符号 j^o 来表示电极体系在平衡电位下氧化反应和还原反应的绝对速度，称为交换电流密度。也可以说，j^o 就是平衡状态下，氧化态粒子和还原态粒子在电极/溶液界面的交换速度。所以，交换电流密度本身就表征了电极反应在平衡状态下的动力学特性。

$$j^o = nFk_c c_O \exp\left(\frac{-E_c^o}{RT}\right) \quad \text{或} \quad j^o = nFk_a c_R \exp\left(\frac{-E_a^o}{RT}\right) \tag{6.17}$$

由式（6.17）可以看出，电极反应交换电流密度的大小取决于转移电子数 n、指前因子 k_c（或 k_a）、平衡电极电位下阴极方向反应活化能 E_c^o（或阳极方向反应活化能（E_a^o））及电解液中 [O] 或 [R] 浓度。反应活化能 E_c^o（或 E_a^o）以及指前因子 k_c（或 k_a）都是取决于电极反应本性的。除了受温度影响外，交换电流密度的大小与电极反应性质密切相关。不同的电极反应，其交换电流密度值可以有很大的差别。表 6.1 中列出了某些电极反应在室温下的交换电流密度。从表 6.1 中可以看出，电极反应本性对交换电流数值的影响甚大。例如，在 0.5 mol/L H_2SO_4 溶液中，Hg 电极表面的析氢反应交换电流为 5×10^{-13} A/cm²，而在 1×10^{-3} mol/L $Hg_2(NO_3)_2$ 和 2.0 mol/L $HClO_4$ 混合溶液中，Hg 电极表面 Hg^{2+} 还原沉积反应交换电流则为 5×10^{-1} A/cm²。尽管电极材料一样，但因电极反应不同，其交换电流竟然可以相差 12 个数量级之多。

表 6.1 某些电极反应在室温下的交换电流密度

电极材料	溶液组成	电极反应	$j^o/\text{A} \cdot \text{cm}^{-2}$
Hg	0.5 mol/L H_2SO_4	$H^+ + e \rightleftharpoons 1/2\ H_2$	5×10^{-13}
Ni	1.0 mol/L $NiSO_4$	$1/2\ Ni^{2+} + e \rightleftharpoons 1/2\ Ni$	2×10^{-9}
Fe	1.0 mol/L $FeSO_4$	$1/2\ Fe^{2+} + e \rightleftharpoons 1/2\ Fe$	10^{-8}
Cu	1.0 mol/L $CuSO_4$	$1/2\ Cu^{2+} + e \rightleftharpoons 1/2\ Cu$	2×10^{-5}
Zn	1.0 mol/L $ZnSO_4$	$1/2\ Zn^{2+} + e \rightleftharpoons 1/2\ Zn$	2×10^{-5}
Hg	1×10^{-3} mol/L $Zn(NO_3)_2$ + 1.0 mol/L KNO_3	$1/2\ Zn^{2+} + e \rightleftharpoons 1/2\ Zn$	7×10^{-4}

电极材料	溶液组成	电极反应	$j^o/\text{A}\cdot\text{cm}^{-2}$
Pt	1.0 mol/L KCl	$H^+ + e \Longrightarrow 1/2\ H_2$	10×10^{-4}
Hg	0.1 mol/L KCl	$Na^+ + e \Longrightarrow Na$	4×10^{-2}
Hg	0.1 mol/L KCl	$1/2\ Pb^{2+} + e \Longrightarrow 1/2\ Pb$	2×10^{-1}
Hg	0.05 mol/L KCl	$1/2\ Hg_2^{2+} + e \Longrightarrow 1/2\ Hg$	5×10^{-1}

j^o也与电极材料有关。同一种电化学反应在不同的电极材料上进行，交换电流也可能相差很大。前面已提到，电极反应是一种异相催化反应，电极材料表面起着催化剂表面的作用。所以，电极材料不同，对同一电极反应的催化能力也不同。例如表6.1中，电极反应$2H^+ + e \Longrightarrow H_2$在汞电极上和在铂电极上进行时，交换电流密度也相差了9个数量级。Zn^{2+}在锌电极上和在汞电极上发生氧化还原反应时，交换电流密度也相差了几倍。

j^o与反应物质的浓度有关。例如对电极反应$Zn^{2+} + 2e \Longrightarrow Zn(Hg)$，表6.2列出了$Zn^{2+}$浓度不同时，该反应的交换电流密度数值。交换电流密度与反应物质浓度的关系也可从式（6.11）和式（6.12）直接看出，并可应用该式进行定量计算。

表 6.2　室温下交换电流密度与反应物浓度的关系

电极反应	$ZnSO_4$ 浓度$/\text{mol}\cdot\text{L}^{-1}$	$j^o/\text{A}\cdot\text{cm}^{-2}$
$Zn^{2+} + 2e \Longrightarrow Zn(Hg)$	1.0	80.0
	0.1	27.6
	0.05	14.0
	0.025	7.0

6.2.3　电极反应速度常数 K

虽然交换电流密度j^o是最重要的基本动力学参数，但如上所述，它的大小与反应物质的浓度有关。改变电极体系中某一反应物质的浓度时，平衡电位和交换电流密度的数值都会改变。所以，采用交换电流密度描述电极体系的动力学性质时，必须注明各反应物质的浓度，这是很不方便的。为此，人们引出了另一个与反应物质浓度无关，更便于对不同电极体系的性质进行比较的基本动力学参数——电极反应速度常数 K。

$$K_c = k_c \exp\left(\frac{-E_c^o}{RT}\right) \tag{6.18}$$

$$K_a = k_a \exp\left(\frac{-E_a^o}{RT}\right) \tag{6.19}$$

电极反应速度常数与反应物质浓度无关，可以代替交换电流密度描述电极体系的动力学性质，而无需注明反应物质的浓度。尽管用电极反应速度常数 K 表示电极反应动力学性质时具有与反应物质浓度无关的优越性，但由于交换电流密度 j^0 可以通过极化曲线直接测定，因此 j^0 仍是电化学中应用最广泛的动力学参数。

6.2.4 交换电流密度与电极反应的动力学特性

前面介绍了交换电流密度是一个电极反应处于平衡电极电位时阳极方向和阴极方向绝对反应速度。不同电极反应或同一电极反应在不同电极材料上的交换电流密度相差甚大，那么，交换电流密度与电极反应动力学特性有何关系呢？

一个电极反应可能处于两种不同的状态：平衡状态与极化（非平衡）状态。这取决于电极/溶液界面上始终存在的氧化方向反应和还原方向反应这一对矛盾。当氧化方向与还原方向反应速度相等时，电极反应就处于平衡状态。对处于平衡态的电极反应来说，它既具有一定的热力学性质，又具有一定的动力学特性。这两种性质分别通过平衡电位和交换电流密度来描述，两者之间并无必然的联系。当氧化方向反应与还原方向反应速度不等，两者中有一个占主导地位，从而出现净电流，电极反应即处于不平衡状态。但在某个特定条件下，有时两个热力学性质相近的电极反应，其动力学性质往往有很大的差别。例如，铁在硫酸亚铁溶液中的标准平衡电位为-0.44 V，镉在硫酸镉溶液中的标准电位为-0.402 V，两者很接近，但它们的交换电流密度却相差数千倍。

从 Butler-Volmer 方程可知，电极反应的净反应速度的大小决定于交换电流密度和极化值 $\Delta\varphi$。交换电流密度越大，净反应速度也越大，这意味着电极反应越容易进行。换句话说，不同的电极反应若要以同一个净反应速度进行，那么交换电流密度越大者，所需要的极化值（绝对值）越小。这表明，当外电流通过电极，电极电位倾向于偏离平衡态，交换电流密度越大，电极反应越容易进行，其去极化的作用也越强，因而电极电位偏离平衡态的程度，即电极极化的程度就越小。电极反应这种力图维持平衡状态的能力，或者说去极化作用的能力，可被称为电极反应的可逆性。交换电流密度大，反应易于进行的电极反应，其可逆性也大，电极体系不容易极化。反之，交换电流密度小的电极反应则表现出较小的可逆性，电极容易极化。

为了进一步帮助大家更好理解交换电流密度与电极是否容易极化之间的关系，绘制了图 6.8。假设有两个电极反应，A→B 电极反应的 j^0 远远大于 C→D 电极反应的 j^0。在平衡态下，电极反应还原方向、氧化方向的反应速度均为 j^0，为了区分两个反应交换电流密度大小的差别，以箭头的长短代表两个方向的绝对反应速度大小。现在，要求两个电极反应均以相等的净电流（j）进行。在极化态下，两个电极反应还原方向、氧化方向的箭头长度差值即表示该反应的净电流大小。对于电极反应 A→B 和 C→D，尽管两个反应的 $j=j_c-j_a$ 是一样的，即红色箭头与绿色箭头长度差相等。但是，对于电极反应 A→B，j_a 和 j_c 差值不大，可以近似认为 $j_a≈j_c$，电极处于近平衡状态，极化程度小；而对于电极反应 C→D，j_c 可能为 j_a 的 3~4 倍，电极远离平衡状态，极化程度大。这也就解释了，为什么 j^o 越大，电极抵抗偏离平衡态的能力就越大，电极不容易发生极化，极化程度小。

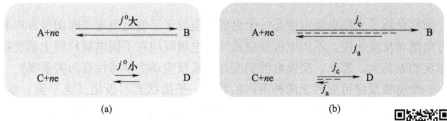

图 6.8　电极反应交换电流密度与电极极化难易程度之间的关系示意图
（a）平衡态；（b）极化态

图 6-8 彩图

　　通过交换电流密度的大小，有助于判断电极反应的可逆性或是否容易极化。表 6.3 是交换电流密度与电极体系动力学性质之间的一般性规律。其中，就可逆性来说，有两种极端的情形。（1）理想极化电极几乎不发生电极反应，交换电流密度的数值趋近于零，所以可逆性最小；（2）理想不极化电极的交换电流密度数值趋近于无穷大，因此几乎不发生极化，可逆性最大。需要指出的是，电极反应的可逆性是指电极反应是否容易进行、电极是否容易极化而言的，它与热力学中的可逆电极和可逆电池的概念是两回事，不可混为一谈。

表 6.3　交换电流密度值与电极体系动力学性质之间的关系

动力学性质	j^o 的数值			
	$j^o→0$	j^o 小	j^o 大	$j^o→∞$
极化性质	理想极化	易极化	不易极化	理想不极化
电极反应的可逆性	完全不可逆	可逆性小	可逆性大	完全可逆
$j~η$ 关系	电极电位可任意改变	一般为半对数关系	一般为直线关系	电极电位不会改变

6.3　稳态电化学极化规律

　　前面已讲过，当电子转移步骤成为电极过程的控制步骤时，电极的极化称为电化学极化。在这种情况下，在外电流通过电极的初期，单位时间内流入电极的电子来不及被还原反应完全消耗掉，或者单位时间内来不及通过氧化反应完全补充外电路抽取的电子，电极表面出现剩余电荷，双电层结构改变，使电极电位偏

离通电前的电位（平衡电位或稳定电位），即电极发生了极化。同时，电极电位的改变又将改变该电极上还原方向和氧化方向反应速度。这种变化一直持续到该电极的还原方向反应电流 j_c 和氧化方向反应电流 j_a 的差值与外电流密度相等，这时，电极过程达到了稳定状态。这就是说，电化学极化处于稳定状态时，外电流密度必定等于 $|j_a - j_c|$，也就是等于电子转移步骤的净反应速度（即净电流密度 $j_净$）。

6.3.1 电化学极化的基本实验事实

在没有建立起完整的电子转移步骤动力学理论之前，人们已通过大量的实践，发现和总结了电化学极化的一些基本规律，其中以塔菲尔（Tafel）在 1905 年提出的过电位和电流密度 j 之间的关系最重要。这是一个经验公式，被称为塔菲尔公式，其数学表达式为

$$\eta = a + b\lg j \tag{6.20}$$

式中，过电位 η 和电流密度 j 均取绝对值（即正值）。a 和 b 为两个常数，a 表示电流密度为单位数值（如 1 A/cm^2）时的过电位值。它的大小和电极材料的性质、电极表面状态、溶液组成及温度等因素有关。根据 a 值的大小，可以比较不同电极体系中进行电子转移步骤的难易程度。b 是一个主要与温度有关的常数。对大多数金属而言，常温下 b 的数值在 0.12 V 左右。从影响 a 值和 b 值的因素中，我们可以看到，电化学极化时，过电位或电化学反应速度与哪些因素有关。

塔菲尔公式可在很宽的电流密度范围内适用。如对汞电极，当电子转移步骤控制电极过程时，在宽达 $10^{-7} \sim 1$ A/cm^2 的电流密度范围内，过电位和电流密度的关系都符合塔菲尔公式。但是，当电流密度很小（$j \to 0$）时，塔菲尔公式就不再成立了。因为当 $j \to 0$ 时，按照塔菲尔公式将出现 $\eta \to -\infty$，这显然与实际情况不符。实际情况是当电流密度很小时，电极电位偏离平衡状态也很少，即 $j \to 0$ 时，$\eta \to 0$。这种情况下，从大量实验中总结出另一个经验公式，即过电位与电流密度呈线性关系的公式：

$$\eta = \omega j \tag{6.21}$$

式中，ω 为一个常数，与塔菲尔公式中的 a 值类似，其大小与电极材料性质及表面状态、溶液组成、温度等有关。

塔菲尔公式（6.20）和式（6.21）表达了电化学极化的基本规律。人们常把式（6.20）所表达的过电位与电流密度之间的关系称为塔菲尔关系，把式（6.21）所表达的过电位与电流密度的关系称为线性关系。那么，能否从理论上来解释上述实验事实呢？下面我们将通过数学推导来验证上述经验公式的合理性。

6.3.2 巴特勒-伏尔摩（Butler-Volmer）方程

由于电子转移步骤是控制步骤，整个电极过程的速度就是电子转移步骤的净反应速度。这样，根据电子转移步骤的基本动力学公式，就很容易得到稳态电化学极化时电极反应的速度与电极电位之间的关系。即

$$j = j_a - j_c = j^o\left\{\exp\left[\frac{(1-\alpha)nF\Delta\varphi}{RT}\right] - \exp\left[\frac{-\alpha nF\Delta\varphi}{RT}\right]\right\} \tag{6.22}$$

$$j = j_c - j_a = j^o\left\{\exp\left[\frac{-\alpha nF\Delta\varphi}{RT}\right] - \exp\left[\frac{(1-\alpha)nF\Delta\varphi}{RT}\right]\right\} \tag{6.23}$$

式（6.22）和式（6.23）为稳态电化学极化方程式，也称为巴特勒-伏尔摩方程。它是电化学极化的基本方程之一。式中的 j 既可表示外电流密度（也称极化电流密度），也可表示电极反应的净反应速度。值得注意的是，一个电子转移步骤通常只能转移一个电子，对于涉及多电子转移的电极过程，电极过程速度取决于其中一个单电子步骤。因此，应用巴特勒-伏尔摩方程时 n 通常取 1，适用于单电子转移的电子转移步骤。

有些书会根据习惯取阴极方向电流 j_c 为正，阳极方向电流 j_a 为负，当电极过程发生阴极极化时，净电流取正；反之，净电流取负。本书不去人为定义阴极方向、阳极方向电流的正负号，大家在学习过程中，可以先判断电极过程是阴极极化还是阳极极化，再判断阳极方向、阴极方向电流的正负号。无论是阴极极化还是阳极极化，为了便于分析，净电流一律取正值。

根据阳极方向电流密度计算公式（6.14）和阴极方向电流密度计算公式（6.13），绘制图6.9。由于 $\Delta\varphi$ 的取值范围为 $-\infty$ 到 $+\infty$，既讨论阴极极化，又讨论阳极极化，因此人为设定 j_c 为负值。可以发现，当 $\Delta\varphi = 0$ 时，$j_a = j_c = j^o$。当 $\Delta\varphi > 0$ 时，随着 $\Delta\varphi$ 变正，j_a 呈指数增大。当 $\Delta\varphi < 0$ 时，随着 $\Delta\varphi$ 变负，$|j_c|$ 呈指数增大。将 j_a-$\Delta\varphi$ 曲线与 j_c-$\Delta\varphi$ 曲线拼凑在一张图，即可得到电极极化曲线 j-$\Delta\varphi$。当 $\Delta\varphi = 0$ 时，电极净电流 $j = 0$。当 $\Delta\varphi > 0$ 时，$j_a > |j_c|$，随着 $\Delta\varphi$ 变正，j 也呈指数增大；当 $\Delta\varphi < 0$ 时，$|j_c| > j_a$，随着 $\Delta\varphi$ 变负，$|j|$ 呈指数增大。

从图6.9可以发现，在电极过程动力学中，真正起驱动作用的是过电位或电极电位的变化值，而不是电极电位的绝对数值（绝对电位）。其次，巴特勒-伏尔摩方程指明了电化学极化时的过电位（可称为电化学过电位）的大小取决于外电流密度和交换电流密度的相对大小。当外电流密度一定时，交换电流密度越大的电极反应，其过电位越小。如前所述，这表明反应越容易进行，所需要的推动力越小。而对于同一个电极过程，则外电流密度越大时，过电位也越大，要使电极反应以更快的速度进行，就需要有更大的推动力。所以可以把依赖于电极反应本性，反映了电极反应进行难易程度的交换电流密度看作是决定过电位大小或产

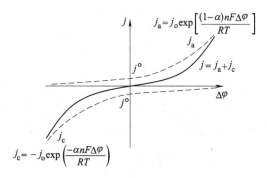

图 6.9 可逆电极反应 j_a、j_c、j 随 $\Delta\varphi$ 的变化关系（人为设定 j_c 为负值）

生电极极化的内因，而外电流密度则是决定过电位大小或产生极化的外因（条件）。因而对某一特定的电极反应，在一定的极化电流密度下会产生一定数值的过电位。内因（j^o）和条件（j）中任何一方面的变化都会导致过电位的改变。

6.3.3 高过电位下的电化学极化规律

仔细观察图 6.9 我们可以发现，当 $\Delta\varphi$ 足够正时，阴极方向电流密度 j_c 接近零，电极净电流密度 j 无限接近阳极方向电流密度 j_a；类似地，当 $\Delta\varphi$ 足够负时，阳极方向电流密度 j_a 接近零，电极净电流密度 j 无限接近 j_c。这一现象说明，当极化程度很大（高过电位）条件下，一个方向的活化能降到很低，而另一个方向的活化能升到很高，就会导致某个方向的反应速度很小，可以忽略不计，净电流密度等于另一个方向的反应速度。那么，多大的过电位才可以忽略某一个方向的反应速度的？

根据巴特勒-伏尔摩方程可以知道，巴特勒-伏尔摩方程能够简化成半对数的塔菲尔关系，关键在于忽略了逆向反应的存在。因此，只有巴特勒-伏尔摩方程中两个指数项差别相当大时，才能符合塔菲尔关系。通常认为，满足塔菲尔关系的条件是两个指数项相差 100 倍以上，即

$$j = j_c - j_a = j^o \left\{ \exp\left(\frac{-\alpha nF\Delta\varphi}{RT} \right) - \exp\left[\frac{(1-\alpha)nF\Delta\varphi}{RT} \right] \right\}$$

对于阴极极化

$$\frac{\exp\left(\dfrac{-\alpha nF\Delta\varphi}{RT} \right)}{\exp\left[\dfrac{(1-\alpha)nF\Delta\varphi}{RT} \right]} > 100 \tag{6.24}$$

对于阳极极化

$$\frac{\exp\left[\dfrac{(1-\alpha)nF\Delta\varphi}{RT}\right]}{\exp\left(\dfrac{-\alpha nF\Delta\varphi}{RT}\right)} > 100 \qquad (6.25)$$

假设 $\alpha \approx 0.5$，在 25 ℃时，可计算出 $n\Delta\varphi < -116$ mV 或 $n\Delta\varphi > 116$ mV。因此可以通过这个条件判断电极体系是否处于高过电位。对于高过电位条件下的电极体系，净电流密度可以近似为某一方向的电流密度。即

$$j \approx j_c = j°\exp\left(\frac{-\alpha nF\Delta\varphi}{RT}\right) \qquad (6.26)$$

或

$$j \approx j_a = j°\exp\left[\frac{(1-\alpha)nF\Delta\varphi}{RT}\right] \qquad (6.27)$$

将式（6.26）两边取对数，整理后得：

$$\Delta\varphi_c = \frac{2.303RT}{\alpha nF}\lg j° - \frac{2.303RT}{\alpha nF}\lg|j_c| \qquad (6.28)$$

同理，对于阳极极化也可作出类似推导，得到：

$$\Delta\varphi_a = -\frac{2.303RT}{(1-\alpha)nF}\lg j° + \frac{2.303RT}{(1-\alpha)nF}\lg j_a \qquad (6.29)$$

式（6.28）和式（6.29）即为高过电位（或者 $|j|\gg j°$）时巴特勒-伏尔摩方程的近似公式，图 6.10 所示为 $\Delta\varphi_c$-$\lg|j_c|$、$\Delta\varphi_a$-$\lg j_a$ 曲线。与电化学极化的经验公式——塔菲尔公式（见式（6.20））相比，可看出两者是完全一致的。这表明电子转移步骤的基本动力学公式和巴特勒-伏尔摩方程的正确性得到了实践的验证。同时，式（6.28）和式（6.29）又比从实践中总结出来的经验公式更具有普遍意义，更清楚地说明了塔菲尔关系中常数 a 和 b 所包含的物理意义，即：

阴极极化时

$$a = \frac{2.303RT}{\alpha nF}\lg j° \qquad (6.30)$$

$$b = -\frac{2.303RT}{\alpha nF} \qquad (6.31)$$

阳极极化时

$$a = -\frac{2.303RT}{(1-\alpha)nF}\lg j° \qquad (6.32)$$

$$b = \frac{2.303RT}{(1-\alpha)nF} \qquad (6.33)$$

通过绘制如图 6.10 所示的 Tafel 曲线（通常以 η 为纵坐标，$\lg|j|$ 为横坐标。本书为了更直观反映出阳极极化和阴极极化 $\Delta\varphi$ 的正负符号的区别，以 $\Delta\varphi$ 为纵

坐标），经过线性拟合，可以直接读取式（6.30）~式（6.33）中的 a 值和 b 值，并进一步计算 α，n 及 j° 等参数。

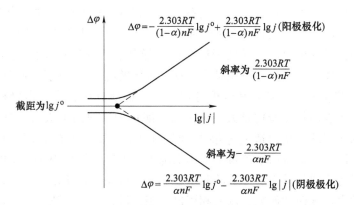

图 6.10　高过电位下 $\Delta\varphi$-$\lg j$ 曲线

6.3.4　低过电位下的电化学极化规律

由图 6.9 可以发现，当电极电位接近平衡电极电位，即 $\Delta\varphi$ 在零附近时，电极体系的 j_a、j_c 值（不区分正负）接近，净电流密度远远小于交换电流密度。此时，电极反应仍处于"近似可逆"的状态，即 $j_a \approx j_c$。这种情况就是低过电位下的电化学极化。实际体系中，它只有在电极反应体系的交换电流密度很大或通过电极的电流密度很小时才会发生。

$$j = j_c - j_a = j^\circ\left\{\exp\left(\frac{-\alpha nF\Delta\varphi}{RT}\right) - \exp\left[\frac{(1-\alpha)nF\Delta\varphi}{RT}\right]\right\}$$

当过电位很小（$\Delta\varphi \to 0$）时，指数项可按级数形式展开，即

$$\exp\left[\frac{(1-\alpha)nF\Delta\varphi}{RT}\right] \approx 1 + \frac{(1-\alpha)nF\Delta\varphi}{RT} \tag{6.34}$$

$$\exp\left(\frac{-\alpha nF\Delta\varphi}{RT}\right) \approx 1 - \frac{\alpha nF\Delta\varphi}{RT} \tag{6.35}$$

代入 Butler-Volmer 方程，可得低过电位下的近似公式为

$$j \approx -j^\circ\frac{nF}{RT}\Delta\varphi \tag{6.36}$$

将式（6.36）与经验公式（6.21）比较，同样可看到理论公式与经验公式的一致性，都表明低过电位下，过电位与极化电流密度或净反应速度之间呈现线性关系。

通常认为，对于单电子电极反应，当 $\alpha \approx \beta \approx 0.5$ 时，式（6.36）所表达的过电位与极化电流密度的线性关系在 $\eta < 10$ mV 的范围内适用。当 α 与 β 不接近相等时，则 η 值还要小些。

如图 6.11 所示，当电极体系处于上述两种极限情况之间，即在高过电位区与低过电位区之间还存在一个过渡区域，在这一过电位范围内，电化学极化的规律既不是线性的，也不符合塔菲尔关系。通常将这一过渡区域称为弱极化区。在弱极化区中，电极上的氧化反应和还原反应的速度差别不很大，不能忽略任何一方，但又不像线性极化区那样处于近似的可逆状态。所以在弱极化区，巴特勒-伏尔摩方程不能进行简化。也就是说，这一区域的电化学极化规律必须用完整的巴特勒-伏尔摩方程来描述。在电极过程动力学的研究中，由于电极极化到塔菲尔区后，电极表面状态变化较大，往往已不能正确反映出电极反应的初始面貌，并常因表面状态的变化而造成 η-$\lg j$ 呈非线性化，从而引起较大的测量误差。而在线性极化区，又常常由于测量中采用的电流、电压信号都很小，信噪比相对增大，也给极化曲线与动力学参数的测量造成一定误差。近年来，人们越来越重视弱极化区动力学规律的研究，以便利用这些规律进行电化学测量，获取比较精确的测量数据。

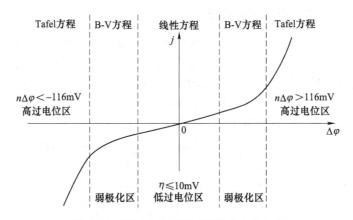

图 6.11　不同电位区间适用的动力学方程

6.3.5　稳态极化曲线法测量基本动力学参数

前面我们分析了高电位区、低过电位区和过渡区（弱极化区）电化学极化动力学规律。在电化学研究中，通过测试稳态极化曲线，借助前面介绍的动力学规律，对稳态极化曲线进行处理后获得电极过程动力学参数，如 α、j^0 等。具体步骤如下：

（1）采用电化学工作站电位扫描方法获得电极稳态极化曲线。注意的是，为了测量得到每个电极电位下的稳定电流值，要求扫描速度足够慢，且每个电位持续时间足够长，使得电流都来自电极反应，排除了双电层充放电电流。稳态极化曲线一般分别测阴极极化曲线和阳极极化曲线，即从开路电位分别朝两个方向电位扫描得到；

（2）作 $\eta\text{-}\lg j$ 曲线，在高电位区，通过线性拟合获得斜率和截距，进而计算 α、n、j° 等；

（3）在低过电位区，可以作 $\eta\text{-}j$ 曲线，通过线性拟合获得 n 的值。

6.4 双电层结构对电化学反应速度的影响

第 3 章已经介绍过，电极/溶液界面的双电层是由紧密层和分散层串联组成的。而在前面几节的讨论中，均假设电极电位改变时只有紧密层电位差发生了变化。也就是认为分散层中电位差的变化 $\Delta\psi_1$ 等于零，紧密层电位差的变化 $\Delta(\varphi-\psi_1)$ 就是整个双电层电位差的变化 $\Delta\varphi$，从而忽略了分散层结构的变化（ψ_1 的变化）对电化学反应速度的影响。然而，只有在电极表面电荷密度很大且溶液浓度较高时，双电层才近似于只有紧密层而无分散层，ψ_1 的电位才趋近于零。如果是在稀溶液中，尤其是电极电位接近于零电荷电位和发生表面活性物质特性吸附时，ψ_1 的电位在整个双电层电势差中占有较大比重，它随电极电位改变而发生的变化也相当明显。例如，某些阴离子在零电荷电位附近发生特性吸附时，有时能使得电位改变 0.5 V 以上。在表面活性物质发生吸附或脱附的电极电位下，ψ_1 电位的变化通常都是很明显的。因此，在这些情况下。不能再忽略 ψ_1 电位及其变化对电化学反应速度的影响了。这种影响实质上是双电层结构及双电层中电位分布的变化所造成的，但是它集中体现在 ψ_1 电位的变化上，所以通常把双电层结构变化的影响称为 ψ_1 效应。

双电层结构变化对电化学反应速度的影响主要体现在以下两方面：

（1）从电子转移步骤动力学公式的讨论中可知，溶液中参与电化学反应的粒子是位于紧密层平面的粒子。也就是说，电子转移步骤是在紧密层中进行的。所以影响反应活化能和反应速度的电位差并不是整个双电层的电位差 $\Delta\varphi$ 或电极电位 φ；而应该是紧密层平面与电极表面之间的电位差，即紧密层电位 $(\varphi-\psi_1)$。当 ψ_1 电位可以忽略不计时，则有 $\varphi\approx\varphi-\psi_1$。而当 ψ_1 电位不能忽略，即存在 ψ_1 效应时，就应该用 $(\varphi-\psi_1)$ 代替前面推导的各电子转移步骤动力学公式中的 φ。

（2）在讨论单纯的电化学极化时，因为电子转移步骤是速度控制步骤，所以可以忽略浓差极化的影响，即认为电极表面附近的反应粒子浓度 c^s 等于该粒子的本体浓度 c^0。如果忽略 ψ_1 电位，即紧密层平面与溶液本体之间不存在电位差，那么反应粒子的表面浓度 c^s 就是紧密层平面反应粒子的浓度。而当 ψ_1 效应不能忽略时，c^s 是反应粒子在分散层外，即 $\varphi=0$ 处的浓度。这时。紧密层平面的反应粒子浓度并不等于表面浓度 c^s。在双电层的内部，由于受到界面电场的影响，荷电粒子的分布服从于微观粒子在势能场中的经典分布规律——玻耳兹曼分布定律。若以 $c*$ 表示紧密层平面的反应粒子浓度，z 为反应粒子所带电荷数，则

$$c* = c^s \exp\left(\frac{zF}{RT}\psi_1\right) = c\exp\left(\frac{zF}{RT}\psi_1\right) \tag{6.37}$$

只有在反应粒子不荷电时，才能忽略 ψ_1 电位对反应粒子浓度的影响，得到 $c* = c$ 的结果。所以，考虑到 ψ_1 效应时，应该用反应粒子在紧密层平面的浓度 $c*$ 代替前几节推导的动力学公式中的本体浓度 c_O 或 c_R。

由上述分析可知，ψ_1 电位既能影响参与电子转移步骤的反应粒子浓度，又能影响电子转移步骤的反应活化能。在考虑了这两方面的影响后，前面推导的基本动力学公式（6.13）和式（6.14）应改写为：

$$j_c = nFK_c c_O^* \exp\left[-\frac{\alpha nF}{RT}\Delta(\varphi - \psi_1)\right] \tag{6.38}$$

$$j_a = nFK_a c_R^* \exp\left[\frac{(1-\alpha)nF}{RT}\Delta(\varphi - \psi_1)\right] \tag{6.39}$$

本书主要介绍 ψ_1 电位是如何影响电子转移步骤动力学方程的，在具体电化学研究过程中，大家可以进一步地进行公式推导，深入分析 ψ_1 电位对电极过程的影响。值得注意的是，由于缺乏测量 ψ_1 电位的通用方法，且 ψ_1 电位也缺乏明确的物理定义，因此主要是应用 ψ_1 效应去分析一些实验现象。

6.5 电化学极化与浓差极化共存时的动力学规律

前面章节分别讨论了单纯的浓差极化和电化学极化的动力学规律。然而，在实际的电极过程中，电化学极化或浓差极化单独存在的情况是比较少的。只有当通过电极的极化电流密度远小于极限扩散电流密度，或者溶液中的对流作用很强时，电极过程才有可能完全为电子转移步骤所控制，只出现电化学极化而不出现浓差极化。但是，当极化值很大时，电流密度随 $\Delta\varphi$ 指数增长，其数值会接近极限扩散电流密度，此时，电极/溶液界面附近反应粒子的浓度将不可能维持在本体溶液浓度，而是会逐渐贫化。因此，在一般情况下，常常是电化学极化与浓差极化同时并存。即电极过程由电子转移步骤和扩散步骤混合控制，只不过两者之中，一个为主、一个为辅而已。因此有必要讨论混合控制情况下的电极过程动力学规律。

6.5.1 混合控制时的动力学规律

当电极过程由电子转移步骤和扩散步骤混合控制时，应该同时考虑两者对电极反应速度的影响。比较简便的方法就是在电子转移步骤（电化学极化）动力

学公式中将浓差极化的影响考虑进去。由于反应粒子扩散步骤缓慢所造成的影响，也就是浓差极化的影响主要体现在电极表面反应粒子浓度的变化上。从第 5 章中知，反应粒子表面浓度是指双电层与扩散层交界处的浓度 c^s。若不考虑 ψ_1 效应，也可理解为直接参与电子转移步骤的紧密层平面上的反应粒子浓度。当扩散步骤处于平衡态或准平衡态（非控制步骤）时，电极表面与溶液本体没有浓度差，所以可以用本体浓度 c 代替表面浓度 c^s，如本章前几节推导的电化学极化公式中均采用了本体浓度 c。但当扩散步骤缓慢，成了控制步骤之一时，电极表面附近液层中的浓度梯度不可忽略，反应粒子表面浓度不再等于它的本体浓度了。因此，对于混合控制的电极过程，不能在动力学公式中采用反应粒子的本体浓度，而应采用反应粒子的表面浓度。根据分析，对于电极反应 $O+ne \Longrightarrow R$，可把式（6.13）和式（6.14）改写成

$$j_c = nFK_c c_O^s \exp\left(-\frac{\alpha nF}{RT}\Delta\varphi\right) = j^\circ \frac{c_O^s}{c_O^0}\exp\left(-\frac{\alpha nF}{RT}\Delta\varphi\right) \tag{6.40}$$

$$j_a = nFK_a c_R^s \exp\left[\frac{(1-\alpha)nF}{RT}\Delta\varphi\right] = j^\circ \frac{c_R^s}{c_R^0}\exp\left[\frac{(1-\alpha)nF}{RT}\Delta\varphi\right] \tag{6.41}$$

式中，c_O^0，c_R^0 分别为反应粒子 O 和 R 的本体浓度；c_O^s，c_R^s 分别为反应粒子 O 和 R 的表面浓度，由上述两式可得到电极反应的净速度为：

$$j = j^\circ\left\{\frac{c_O^s}{c_O^0}\exp\left(-\frac{\alpha nF}{RT}\Delta\varphi\right) - \frac{c_R^s}{c_R^0}\exp\left[\frac{(1-\alpha)nF}{RT}\Delta\varphi\right]\right\} \tag{6.42}$$

与巴特勒-伏尔摩方程相比，可看出，有浓差极化的影响后，极化方程中多了浓度变化的因素——c_O^s/c_O^0 项和 c_R^s/c_R^0 项。那么，反应粒子的表面浓度 c_O^s 是多少呢？

$$\frac{c_O^s}{c_O^0} = 1 - \frac{j}{j_{L,c}} \tag{6.43}$$

$$\frac{c_R^s}{c_R^0} = 1 + \frac{j}{j_{L,a}} \tag{6.44}$$

式中，$j_{L,c}$、$j_{L,a}$ 分别表示阴极极化、阳极极化时的极限扩散电流密度。

将此关系代入式（6.42），可以得到阴极极化条件下，电化学极化和浓差极化混合控制时动力学方程：

$$j = j^\circ\left\{\left(1 - \frac{j}{j_{L,c}}\right)\exp\left(\frac{-\alpha nF\Delta\varphi}{RT}\right) - \left(1 + \frac{j}{j_{L,a}}\right)\exp\left[\frac{(1-\alpha)nF\Delta\varphi}{RT}\right]\right\} \tag{6.45}$$

类似地，阳极极化条件下，电化学极化和浓差极化混合控制时动力学方程：

$$j = j^\circ\left\{\left(1 - \frac{j}{j_{L,a}}\right)\exp\left[\frac{(1-\alpha)nF\Delta\varphi}{RT}\right] - \left(1 + \frac{j}{j_{L,c}}\right)\exp\left(\frac{-\alpha nF\Delta\varphi}{RT}\right)\right\} \tag{6.46}$$

这就是电化学极化和浓差极化共存时的动力学公式。从上面两个式子可以看

出，混合控制时，无论是阴极极化 $j = xj_c - yj_a$ 还是阳极极化 $j = mj_a - nj_c$，净电流不再是单一电化学极化条件下的两个方向的电流密度之差，而是都乘了一个系数，m、x 均小于 1，而 n、y 均大于 1，因此，导致混合控制下净反应电流小于单纯电化学极化下的净反应电流。反过来说，当电极过程处于混合控制时，极化程度要比单纯电化学极化或浓差极化条件下的极化程度更大。

6.5.2　电化学极化规律和浓差极化规律的比较

综合第 5 章和第 6 章的内容，可以把电子转移步骤与扩散步骤的主要动力学特征，也就是电化学极化与浓差极化的主要规律对比总结在表 6.4 中。

表 6.4　电化学极化与浓差极化规律的比较

动力学性质	浓差极化	电化学极化
极化规律（表中 j 均取绝对值）	产物可溶时：$\eta \propto \lg \dfrac{j_d - j}{j}$ 产物不溶时：$\eta \propto \lg \dfrac{j_d - j}{j_d}$	高过电位：$\eta = a + b \lg j$ 低过电位：$\eta = \omega j$
搅拌对反应速度的影响	j 或 $j_d \propto \sqrt{搅拌强度}$	无影响
双电层结构对反应速度的影响	无影响	在稀溶液中、φ_0 附近、有特性吸附时，存在 ψ_1 效应
电极材料及表面状态的影响	无影响	有显著影响
反应速度的温度系数	活化能低，故温度系数小，一般为 2%/℃	活化能高，温度系数较大
电极真实面积对反应速度的影响	当扩散层厚度 > 电极表面粗糙度时，与电极表观面积成正比，与真实面积无关	反应速度正比于电极真实面积

利用表 6.4 中所列出的两类电极极化的不同动力学特征，有助于判断电极过程的控制步骤是电子转移步骤还是液相传质步骤（主要是扩散传质），也有助于采取适当措施来控制电极过程的速度。例如，对扩散步骤控制的电极过程，用加强溶液搅拌的方法可以有效地提高电极过程速度。而对电子转移步骤控制的电极过程，则可采用增大电极真实面积、提高极化值和温度、改变电极材料或电极表面状态等方法来提高电化学反应速度。

6.6 多电子电极反应

本章前面讨论了单电子转移步骤动力学。事实上，很多电极过程涉及多个电子转移，比如在电镀行业电解液中 Cu^{2+} 在电极上还原沉积过程，水裂解制氢过程中阳极发生的析氧反应等。那么在这些电极过程中，电子是如何转移的呢？与单电子转移步骤有何区别呢？电极过程动力学规律是怎么样的？本节将讨论多电子电极过程的动力学规律。

6.6.1 两电子电极反应

为了便于理解，先讨论最简单的多电子电极过程，即两电子电极反应（$O+2e \rightleftharpoons R$）。在前面我们提到，电子转移步骤转移的电子数目可以是 1 个或 2 个。但由于单个电子的转移最容易进行，因此大多数情况下单电子转移步骤只转移一个电子。对于多电子电极反应，往往依靠连续进行的若干个单电子转移步骤完成整个电化学反应过程。多电子转移步骤通常是由一系列单电子转移步骤串联组成的。假设电极反应 $O+2e \rightleftharpoons R$ 由 2 个单电子转移步骤串联而成，其反应路径如式（6.47）所示。电极过程由 2 个单电子转移步骤组成，X 为中间产物。假设单电子转移步骤 I 和 II 净反应电流密度分别为 j_1、j_2，电极净反应电流密度为 j。

$$\begin{cases} O + e \rightleftharpoons X & （I） \\ X + e \rightleftharpoons R & （II） \end{cases} \tag{6.47}$$

（1）假设单电子转移步骤 I 是慢步骤

$$\begin{cases} O + e \rightleftharpoons X & （I）慢步骤 \\ X + e \rightleftharpoons R & （II）快步骤 \end{cases} \tag{6.48}$$

当步骤 I 为慢步骤时，步骤 II 的净反应电流密度等于步骤 II，即

$$j_2 = j_1$$

此时，电极过程的净反应电流密度应为各电子转移步骤的净反应电流密度之和，即

$$j = j_1 + j_2 = 2j_1$$

假设此时步骤 I 处于强极化条件下，则有

$$j = 2j_1 \approx 2FK_{1,c} \cdot c_0 \cdot \exp\left(\frac{-\alpha_1 F}{RT}\Delta\varphi\right) \tag{6.49}$$

式中，$K_{1,c}$ 和 α_1 分别为步骤 I 的速度常数和对称系数。将其变形，可得到

$$\Delta\varphi = \frac{2.303RT}{-\alpha_1 F}\lg j + C \tag{6.50}$$

当 $\alpha_1 = 0.5$；$T = 298$ K 时，我们会发现，$\Delta\varphi$-lg j 极化曲线的斜率约为 -120 mV/dec。

（2）假设单电子转移步骤 Ⅱ 是慢步骤

$$\begin{cases} O + e \Longleftrightarrow X & （\text{Ⅰ}）\text{快步骤} \\ X + e \Longleftrightarrow R & （\text{Ⅱ}）\text{慢步骤} \end{cases} \tag{6.51}$$

当步骤 Ⅱ 为慢步骤时，步骤 Ⅰ 的净反应电流密度等于步骤 Ⅱ，即

$$j_1 = j_2$$

此时，电极过程的净反应电流密度为

$$j = j_1 + j_2 = 2j_2$$

同样假设步骤 Ⅱ 处于强极化条件下，则有

$$j_2 \approx j_{2,c} = FK_{2,c} \cdot c_X \cdot \exp\left(\frac{-\alpha_2 F}{RT}\Delta\varphi\right) \tag{6.52}$$

那么，如何获得中间产物浓度 c_X 的表达式呢？当电极过程处于稳态时，中间产物的浓度是恒定不变的。由于步骤 Ⅱ 为慢步骤时，步骤 Ⅰ 可以认为处于近平衡态，其阴极方向反应速度与阳极方向反应速度近似相等，因此有：

$$FK_{1,c} \cdot c_0 \exp\left(\frac{-\alpha_1 F}{RT}\Delta\varphi\right) = FK_{1,a} \cdot c_X \exp\left[\frac{(1-\alpha_1)F}{RT}\Delta\varphi\right] \tag{6.53}$$

通过式（6.53），可以得到 c_X 的表达式：

$$c_X = \frac{K_{1,c}c_0}{K_{1,a}} \exp\left(\frac{-F}{RT}\Delta\varphi\right) \tag{6.54}$$

将式（6.54）代入式（6.52），可以得到

$$j = 2j_2 = 2F \frac{K_{2,c}K_{1,c}c_0}{K_{1,a}} \exp\left[\frac{-(1+\alpha_2)F}{RT}\Delta\varphi\right] \tag{6.55}$$

式中，$K_{2,c}$ 为步骤 Ⅱ 阴极方向动力学常数；$K_{1,c}$ 为步骤 Ⅰ 阴极方向动力学常数；$K_{1,a}$ 为步骤 Ⅰ 阳极反应动力学常数；α_2 为步骤 Ⅱ 的对称系数。

将式（6.55）变形：

$$\Delta\varphi = \frac{-2.303RT}{(1+\alpha_2)F} \lg j + C \tag{6.56}$$

当 $\alpha_2 = 0.5$；$T = 298$ K 时，我们会发现，$\Delta\varphi$-lg j 极化曲线的斜率约为 -40 mV/dec。

通过上述讨论可以发现，对于同样的电极过程，当速度控制步骤不同时，电极过程变现出不同的动力学规律。通过极化曲线斜率的差异，可以推测哪个单元步骤是速控步骤。

6.6.2　多电子电极反应

对于多电子电极反应

$$O + ne \Longrightarrow R$$

其反应历程可描述为

$$
\begin{cases}
O + e \xrightleftharpoons{j_1^o} X_1 \\[2mm]
X_1 + e \xrightleftharpoons{j_2^o} X_2 \\[2mm]
\vdots \\[2mm]
X_{k-2} + e \xrightleftharpoons{j_{k-1}^o} X_{k-1}
\end{cases}
\quad \text{控制步骤前共（}k-1\text{）个单电子步骤}
$$

$$X_{k-1} + e \xrightleftharpoons{j_k^o} X_k \ (\text{控制步骤，假设重复次数为 } v)$$

$$
\begin{cases}
X_k + e \xrightleftharpoons{j_{k+1}^o} X_{k+1} \\[2mm]
\vdots \\[2mm]
X_{n-1} + e \xrightleftharpoons{j_n^o} R
\end{cases}
\quad \text{控制步骤后共（}n-k\text{）个单电子步骤}
$$

电极过程由 n 个单电子转移步骤串联组成。其中，第 k 步为控制步骤

$$X_{k-1} + e \xrightleftharpoons{j_k^o} X_k$$

根据 Butler-Volmer 方程，可以得出该控制步骤的净反应速度 j_k 计算公式

$$j_k = j_{k,c} - j_{k,a} = j_k^o \left[\exp\left(\frac{-\alpha_k F \Delta\varphi}{RT} \right) - \exp\left(\frac{\beta_k F \Delta\varphi}{RT} \right) \right] \tag{6.57}$$

式中，j_k^o、α_k、β_k 分别为第 k 步的交换电流密度和对称系数。当电极过程处于稳态时，各个单电子转移步骤的速度相等：

$$j_1 = j_2 = \cdots = j_k = \cdots = j_n$$

借鉴类似两电子电极过程的推导过程，可以得到电极过程的总电流 j 计算公式（具体推导参考其他电化学原理教材）如下：

$$j = j^o \left[\exp\left(-\frac{\alpha F}{RT} \Delta\varphi \right) - \exp\left(-\frac{\beta F}{RT} \Delta\varphi \right) \right] \tag{6.58}$$

其中

$$j^o = n j_k^o \tag{6.59}$$

$$\alpha = \frac{k-1}{v} + \alpha_k \tag{6.60}$$

$$\beta = \frac{n - k + 1}{v} - \beta_k \qquad (6.61)$$

式中，α_k 和 β_k 为控制步骤的传递系数；k 为控制步骤在（还原反应方向）反应时的序号；v 为控制步骤重复进行的次数。

我们发现，多电子电极过程动力学方程和单电子转移步骤的基本动力学公式（巴特勒-伏尔摩方程）具有相同的形式，因而式（6.58）被称为普遍化了的 Butler-Volmer 方程。只是需要注意，在式（6.58）中，交换电流密度和传递系数都要用整个电极反应的交换电流密度（$j^\circ = n j_k^\circ$）和传递系数（α，β）。

由于 $\alpha_k + \beta_k = 1$，式（6.60）与式（6.61）相加有

$$\alpha + \beta = \frac{n}{v} \qquad (6.62)$$

总的还原反应绝对速度为

$$j_c = nFK_c c_O \exp\left(-\frac{\alpha F}{RT}\Delta\varphi\right) = j^\circ \exp\left(-\frac{\alpha F}{RT}\Delta\varphi\right) \qquad (6.63)$$

总的氧化反应绝对速度为

$$j_a = nFK_a c_R \exp\left(\frac{\beta F}{RT}\Delta\varphi\right) = j^\circ \exp\left(\frac{\beta F}{RT}\Delta\varphi\right) \qquad (6.64)$$

上面各式中，K_a 和 K_c 均为常数，其数值可用下式表示。即

$$K_c = K_{k,c} \prod_{i=1}^{k-1} \frac{K_{i,c}}{K_{i,a}} \qquad (6.65)$$

$$K_a = K_{k,c} \prod_{i=n-k}^{n} \frac{K_{i,c}}{K_{i,a}} \qquad (6.66)$$

式中，下角标 k 表示控制步骤；下角标 i 表示非控制步骤；$k-1$ 表示控制步骤前的单电子转移步骤数目；$n-k$ 表示控制步骤后的单电子转移步骤数目。

显然，将式（6.63）和式（6.64）代入 $j = j_c - j_a$ 的关系式中，同样可得到与式（6.58）完全一样的多电子反应的净反应速度公式，即普遍化的巴特勒-伏尔摩方程。普遍化的巴特勒-伏尔摩方程对单电子电极反应同样适用。对于多电子电极反应，也可以像单电子电极反应那样，把普遍化的巴特勒-伏尔摩方程在高过电位区和低过电位区分别简化成近似公式。从上面的讨论可知，多电子电极反应的动力学规律是由其中组成控制步骤的某一个单电子转移步骤（多为单电子反应）所决定的，因而它的基本动力学规律与单电子转移步骤（单电子电极反应）是一致的，基本动力学参数（传递系数和交换电流密度等）都具有相同的物理意义，仅仅由于反应历程的复杂程度不同，在数值上有所区别而已。

事实上，上面讨论的案例是最简单的多电子电极反应，即所有基元反应步骤都是单电子转移步骤，且各步骤串联进行。实际中，电极过程可能同时包括单电子转移步骤和化学步骤。各单元步骤可能串联，也可能并联进行。对于这些复杂

的多电子电极反应的动力学方程推导，大家可以参考查全性等人著的《电极过程动力学导论》。

> ## 复习思考与练习题

6-1 电极电位可以通过哪些方式影响电极过程速度？

6-2 试用位能曲线推导电极极化程度 $\Delta\varphi$ 对阴极方向、阳极方向活化能的影响关系式，并分析其对电子转移步骤的影响规律。

6-3 从物理实质上解释为什么极化值越正，阳极方向活化能越低。

6-4 电化学反应的基本动力学参数有哪些？说明它们的物理意义。

6-5 什么是交换电流密度，为什么交换电流密度能说明电极反应的动力学性质？

6-6 为什么要引入电极反应速度常数的概念，它与交换电流密度之间有什么联系和区别？

6-7 试分析交换电流密度与电极过程极化难易程度间的关系？

6-8 什么是 ψ_1 效应？

6-9 试着推导高电位区间、低电位区间 Bulter-Volmer 方程的简化式。

6-10 当电极过程为电子转移步骤和扩散步骤共同控制时，其动力学规律有什么特点？

6-11 Butler-Volmer 方程同时适用于单电子转移电极过程和多电子电极反应动力学方程，在处理多电子转移步骤时，整个电极过程的对称系数 α、β 是如何计算的？

6-12 测得电极反应 $O+2e \Longleftrightarrow R$ 在 25 ℃时的交换电流密度为 2×10^{-12} A/cm^2，$\alpha = 0.46$。当在 -1.44 V 下阴极极化时，电极反应速度是多大？已知电极过程为电子转移步骤所控制，未通电时电极电位为 -0.68 V。

6-13 25 ℃，锌从 $ZnSO_4$（1 mol/L）溶液中电解沉积的速度为 0.03 A/cm^2 时，阴极电位为 -1.013 V。已知电极过程的控制步骤是电子转移步骤，传递系数 $\alpha = 0.45$，1 mol/L $ZnSO_4$ 溶液的平均活度系数 $\gamma_\pm = 0.044$。试问 25 ℃时该电极反应的交换电流密度是多少？

6-14 已知 20 ℃时，镍在 1 mol/L $NiSO_4$ 溶液中的交换电流密度为 2×10^{-9} A/cm^2。用 0.04 A/cm^2 的电流密度电沉积镍时，阴极发生电化学极化。若传递系数 $\alpha = 0.56$，试问阴极电位是多少？

6-15 将一块锌板作为牺牲阳极安装在钢质船体上，该体系在海水中发生腐蚀时为锌溶解。若 25 ℃时，反应 $Zn^{2+}+2e \Longleftrightarrow Zn$ 的交换电流密度为 2×10^{-5} A/cm^2，传递系数 $\alpha = 0.6$。试求 25 ℃，阳极极化值为 0.05 V 时锌阳极溶解速度和极化电阻值。

6-16 18 ℃时将铜棒浸入含 $CuSO_4$ 溶液中，测得该体系的平衡电位为 0.31 V，交换电流密度为 1.3×10^{-9} A/cm^2，传递系数 $\alpha = 1$。

（1）计算电解液中 Cu^{2+} 在平衡电位下的活度。

（2）将电极电位极化到 -0.23 V 时的极化电流密度（假定发生电化学极化）。

6-17 电极反应 $O+ne \Longleftrightarrow R$ 在 20 ℃时的交换电流密度是 1×10^{-9} A/cm^2。当阴极过电位为 0.556 V 时，阴极电流密度为 1 A/cm^2。假设阴极过程为电子转移步骤控制，试求：

（1）传递系数 α；

（2）阴极过电位增大 1 倍时，阴极反应速度改变多少？

6-18   25 ℃时将两个面积相同的电极置于某电解液中进行电解。当外电流为 0 时，电解池端电压为 0.832 V；外电流密度为 1 A/cm²，电解池端电压为 1.765 V。已知阴极反应的交换电流密度为 $1×10^{-9}$ A/cm²，参加阳极反应和阴极反应的电子数为 2，传递系数 $\alpha =$ 1.0，溶液欧姆电压降为 0.4 V。问：

（1）阳极过电位（$j=1$ A/cm²）是多少？

（2）25 ℃时阳极反应的交换电流密度是多少？

（3）上述计算结果说明了什么问题？

6-19   20 ℃时测得铂电极在 1 mol/L KOH 溶液中的阴极极化实验数据见表 6.5。若已知速度控制步骤是电化学反应步骤，试求

（1）该电极反应在 20 ℃时的交换电流密度。

（2）该极化曲线塔菲尔区的 a 值和 b 值。

表 6.5　阴极极化实验数据

$-\varphi$/V	j_c/A·cm⁻²
1.000	0.0000
1.055	0.0005
1.080	0.0010
1.122	0.0030
1.171	0.0100
1.220	0.0300
1.266	0.1000
1.310	0.3000

6-20   测出 25 ℃时电极反应 $O+e \rightleftharpoons R$ 的阴极极化电流与过电位的数据见表 6.6。求该电极反应的交换电流密度和传递系数 α。

表 6.6　阴极极化电流与过电位数据

j_c/A·cm⁻²	η_c/V
0.002	0.593
0.006	0.789
0.010	0.853
0.015	0.887
0.020	0.901
0.030	0.934

参 考 文 献

[1] 中国科学院. 中国学科发展战略：电化学 [M]. 北京：科学出版社，2021.

[2] 查全性. 电极过程动力学导论 [M]. 3 版. 北京：科学出版社，2002.

[3] 李荻. 电化学原理 [M]. 北京：北京航空航天大学出版社，2008.

[4] 胡吉明. 电化学 [EB/OL]（2023-01-01）https：//www.icourse163.org/course/ZJU-1206700860？from＝searchPage&outVendor＝zw_mooc_pcssjg_.

[5] 傅献彩，沈文霞，姚天扬，等. 物理化学 [M]. 5 版. 北京：高等教育出版社，2005.

[6] 阿伦·J. 巴德，拉里·R. 福克纳. 电化学方法原理和应用 [M]. 2 版. 北京：化学工业出版社，2005.

[7] 张鉴清. 电化学测试技术 [M]. 北京：化学工业出版社，2010.

[8] 曹楚南. 腐蚀电化学原理 [M]. 3 版. 北京：化学工业出版社，2008.

[9] 辛西娅·A. 施罗尔，史蒂芬·M. 科恩. 实验电化学 [M]. 北京：化学工业出版社，2020.

[10] 郭鹤桐，覃奇贤. 电化学教程 [M]. 天津：天津大学出版社，2000.

[11] 翟玉春. 冶金电化学 [M]. 北京：冶金工业出版社，2020.

[12] 高颖. 电化学基础 [M]. 北京：化学工业出版社，2004.

[13] 张义永，张英杰. 电化学研究方法 [M]. 西安：西安交通大学出版社，2022.

[14] 晏成林. 原位电化学表征：原理、方法及应用 [M]. 北京：化学工业出版社，2020.

[15] 许义飞，杨瀚文，常晓侠，等. 电催化动力学简介 [J]. 物理化学学报，2023，39（4）：1-11.

[16] 陈卫，孙世刚. 纳米材料科学中的谱学研究 [J]. 光谱学与光谱分析，2002，22（3）：504-510.